快乐编织

百变花样

披肩·围巾·围脖·装饰领

日本宝库社　编著
蒋幼幼　译

河南科学技术出版社
·郑州·

目录

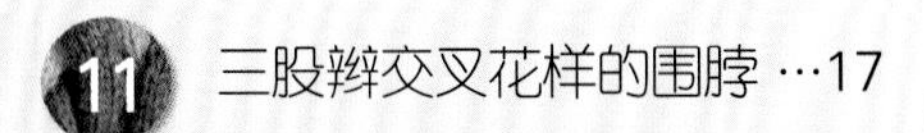

*制作图中未标明单位的尺寸均以厘米（cm）为单位。

起伏针编织的别样围脖

引返编织的起伏针条纹花样使围脖的下摆逐渐向外扩展。
简朴的衣服也会因为这款围脖瞬间令人眼前一亮。

用线：和麻纳卡 Amerry
设计：风工房　编织方法：p.36

2

树叶花样的围巾

围巾的树叶花样总是令人感觉非常亲切。
起伏针编织使作品显得很是柔软、舒适。

用线：和麻纳卡 Amerry
设计：风工房　编织方法：p.38

带飘带的三角形披肩

左右两边的飘带使用不同的颜色，而三角形部分则是将2种颜色的毛线合股编织。
既能愉快地编织，又能有各种各样的戴法，这也是这款披肩的亮点。

用线：和麻纳卡 Alpaca Villa
设计：河合真弓　制作：栗原由美　编织方法：p.40

4

枣形针花样的宽松围脖

凸起的枣形针花样非常有趣。
因为尺寸比较宽松，可以很简单地套在脖子上。

用线：和麻纳卡 Sonomono Alpaca Wool（中粗）
设计：野口智子　编织方法：p.42

可双面使用的护肩式围脖

这是一款正反两面均可使用的围脖。
肩部也被包裹得非常暖和。不同线材的组合搭配更显精致。

用线：和麻纳卡 Amerry、Sonomono Hairy
设计：风工房　编织方法：p.35

阿兰花样的围脖

拥有一件阿兰花样的编织小物，既方便又实用。
等针直编的方法和短小的尺寸非常适合初学者。

用线：和麻纳卡 Amerry
设计：风工房　编织方法：p.44

7

仿皮草饰边的奢华围脖

阿兰花样和仿皮草饰边的组合，新颖时尚。
将皮草部分向内翻折后戴上，暖和极了。

用线：和麻纳卡 Lupo、Sonomono Alpaca Wool（中粗）
设计：河合真弓　制作：羽生明子　编织方法：p.46

百褶花样的装饰领

编织滑针，形成立体的褶皱效果。
本页作品使用了3种颜色的马海毛线，
p.13作品使用了圈圈线，
编织时，针目要织得稀疏一点。

p.12　用线：和麻纳卡 Alpaca Mohair Fine　设计：笹谷史子　编织方法：p.48
p.13　用线：和麻纳卡 Sonomono Loop　设计：笹谷史子　编织方法：p.50

棋盘格纹的围脖

编织方法相同、颜色和线材不同的2件作品。
虽然是下针和上针的简单编织，却非常独特、尽显个性。

用线：A…和麻纳卡 Exceed Wool L
用线：B…和麻纳卡 Sonomono Loop、Sonomono
Sonomono Alpaca Wool（中粗）
设计：野口智子　编织方法：p.47

10

短针钩织的钻石花样围巾

只需锁针和短针就可以钩织完成的围巾。
可与任何风格搭配，所以非常方便实用。

用线：和麻纳卡 Sonomono Alpaca Lily
设计：冈本真希子　编织方法：p.52

三股辫交叉花样的围脖

绕好9个线团，开始编织立体的三股辫。
一边纵向渡线一边继续编织，详见编织方法说明。

用线：和麻纳卡 Sonomono Alpaca Wool（极粗）
设计：冈本真希子　编织方法：p.57

镂空花样的三角形披肩

边缘无须另外挑针，与主体连起来编织，更加简单。
自然柔和的粗花呢线给人一种文雅舒适的印象。

用线：和麻纳卡 Sonomono Tweed
设计：笹谷史子　编织方法：p.54

镂空花样的围脖

柔软的质感加上镂空的花样，给人柔美雅致的感觉。
与平常穿的衣服也很搭哟。

用线：和麻纳卡 Sonomono Alpaca Lily
设计：笹谷史子　编织方法：p.60

14

下针和上针编织的围巾

看起来好像很复杂，编织起来却出奇的简单。
这是一款具有装饰作用的围巾。

用线：和麻纳卡 Aran Tweed
设计：柴田 淳 编织方法：p.62

15

长针和短针钩织的长围巾

只要掌握钩针编织的基础针法就能完成的围巾。
可以钩织自己喜欢的长度。

用线：和麻纳卡 Emma
设计：柴田 淳　编织方法：p.64

钩针编织的装饰领

想要装扮得淑女一点时，不妨试试钩针编织的装饰领吧。
因为是粗线，所以很快就能钩织完成，这也是这款作品的一大亮点。

用线：和麻纳卡 Sonomono Alpaca Wool（极粗）
设计：河合真弓　编织方法：p.65

波浪边百搭围巾

这款颜色鲜亮的围巾要推荐给成熟知性的女性。
与简约的毛衣和连衣裙搭配，桃红色的波浪边显得格外漂亮。

用线：和麻纳卡 Exceed Wool FL
设计：河合真弓　制作：羽生明子　编织方法：p.66

长针钩织的条纹花样围巾

不同材质的结合，使围巾呈现非常有趣的视觉效果。
可随意使用，在脖子上绕几圈也很可爱哟。

用线：和麻纳卡 Sonomono Hairy、Sonomono Alpaca Wool（中粗）
设计：冈本真希子　编织方法：p.68

19

阿兰花样的围脖

将各种阿兰花样排列起来，进行环形编织。
因为是中性的设计，当作礼物送人也再合适不过了。

用线：和麻纳卡 Cont é
设计：柴田 淳　编织方法：p.69

格子花样的三角形披肩

这是一款宽大的三角形披肩，编织起来非常有成就感。
纵向的线条是后来用钩针做的线迹，详见编织方法。

用线：和麻纳卡 Sonomono Tweed、Exceed Wool L
设计：冈本真希子　编织方法：p.70

本书中使用的线材

Yarn used in the book

a

b

c

d

e

f

g

h

i

j

k

l

m

n

o

p

a. Sonomono Hairy

羊驼毛75%　羊毛25%
25g/团　约125m　5色　中粗马海毛线
棒针7、8号　钩针6/0号

b. Sonomono Alpaca Wool（中粗）

羊毛60%　羊驼毛40%
40g/团　约92m　5色　中粗
棒针6~8号　钩针6/0号

c.Sonomono Alpaca Wool（极粗）

羊毛60%　羊驼毛40%
40g/团　约60m　9色　极粗
棒针10~12号　钩针8/0号

d.Sonomono

羊毛100%
40g/团　约40m　5色　超粗
棒针15号至8mm

e.Sonomono Tweed

羊毛53%　羊驼毛40%　其他（骆驼毛及牦牛毛）7%
40g/团　约110m　5色　中粗
棒针5、6号　钩针5/0号

f.Sonomono Alpaca Lily

羊毛80%　羊驼毛20%
40g/团　约120m　5色　粗
棒针8~10号　钩针8/0号

g.Sonomono Loop

羊毛60%　羊驼毛40%
40g/团　约38m　3色　超粗
棒针15号至8mm

h.Lupo

人造丝65%　涤纶35%
40g/团　约38m　12色　极粗
棒针10~12号　钩针10/0号

i.Exceed Wool FL

羊毛（超细美利奴）100%
40g/团　约120m　38色　粗
棒针4、5号　钩针4/0号

j.Emma

人造丝63%　羊毛37%
30g/团　约98m　12色　中粗
棒针8~10号　钩针7/0号

k.Exceed Wool L

羊毛（超细美利奴）100%
40g/团　约80m　44色　中粗
棒针6~8号　钩针5/0号

l.Conté

羊毛100%
100g/团　约55m　7色　超粗
棒针10~15mm　钩针10mm

m.Alpaca Villa

羊驼毛（幼羊驼绒）41%　羊毛41%　尼龙18%
25g/团　约100m　11色　粗
棒针4、5号　钩针4/0号

n.Alpaca Mohair Fine

马海毛35%　腈纶35%　羊驼毛20%　羊毛10%
25g/团　约110m　24色　中粗马海毛线
棒针5、6号　钩针4/0号

o.Amerry

羊毛（新西兰美利奴）70%　腈纶30%
40g/团　约110m　36色　中粗
棒针6、7号　钩针5/0~6/0号

p. Aran Tweed

羊毛90%　羊驼毛10%
40g/团　约82m　14色　中粗
棒针8~10号　钩针8/0号

◎线的粗细是比较粗略的表述，仅供参考。
这里的棒针、钩针型号只是推荐使用。

编织方法
HOW TO MAKE

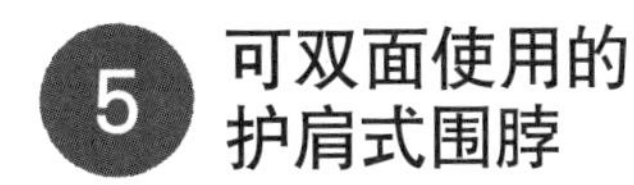

→p.9

[材料和工具]
用线…和麻纳卡 Amerry海军蓝色(17)68g/2团、Sonomono Hairy灰色(124)23g/1团
针…棒针7号

[密度]
编织花样:10cm×10cm面积内 14针、38行

[尺寸]
领围90cm、宽24.5cm

[编织要领]
◎单罗纹针部分用2根Amerry线编织,编织花样部分每种颜色用1根线编织。
❶手指挂线起针后开始编织。环形编织3行单罗纹针。
❷环形编织84行条纹花样。
❸用2根Amerry线编织2行单罗纹针。编织结束时,做下针织下针、上针织上针的伏针收针。

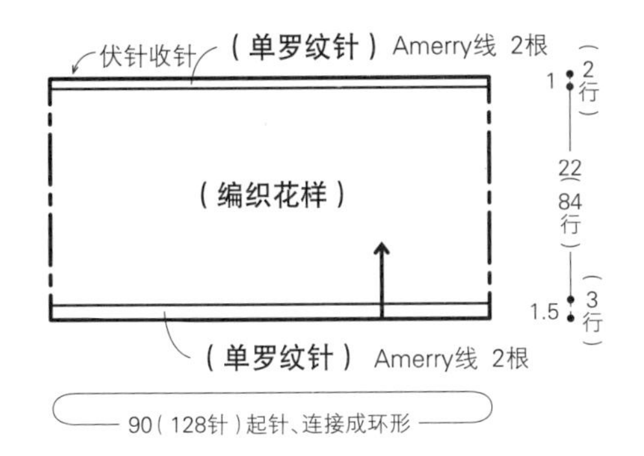

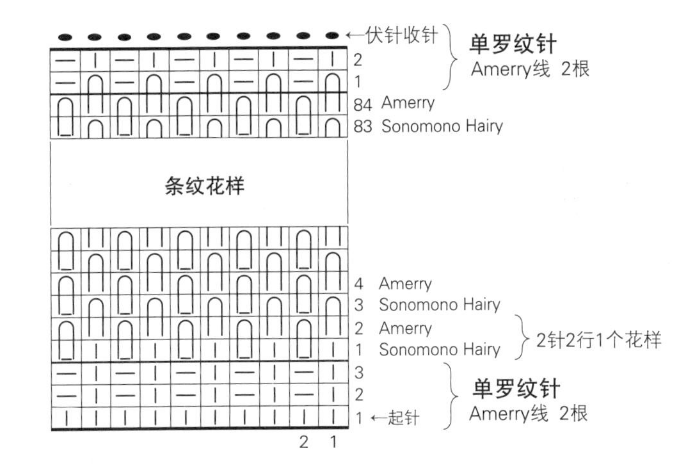

条纹花样的编织方法 ●元宝针

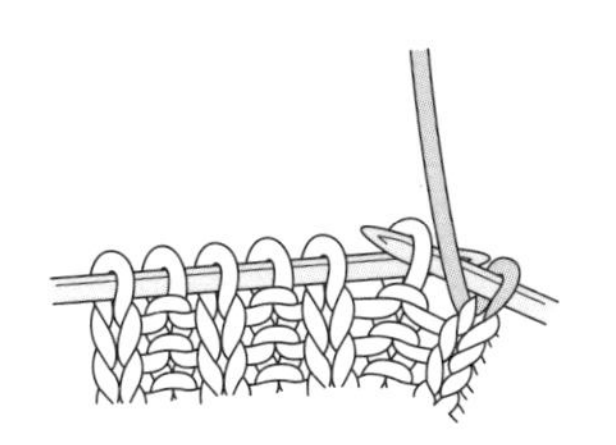

❶第1行,织下针,上针不织(不要改变针目的方向)移至右棒针上,挂线。

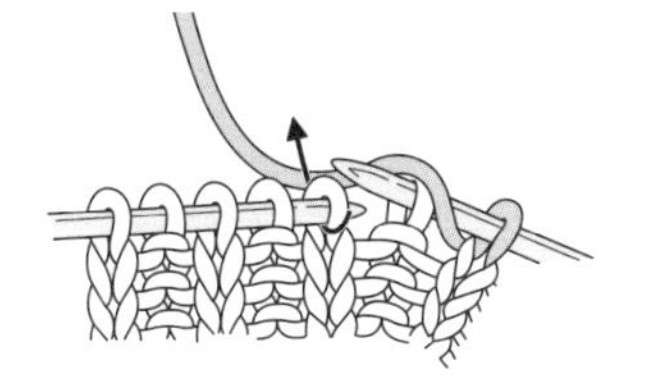

❷下一个针目织下针。

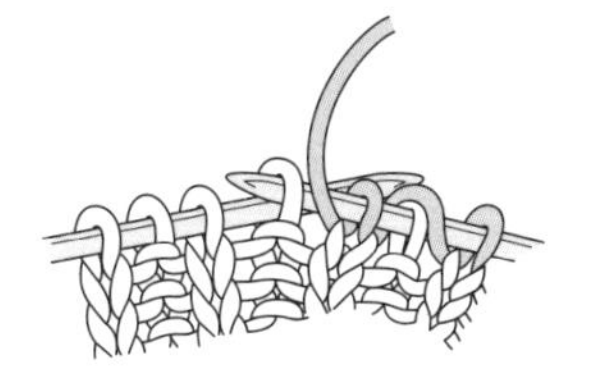

❸重复"上针不织移至右棒针上,挂线,织下针"。

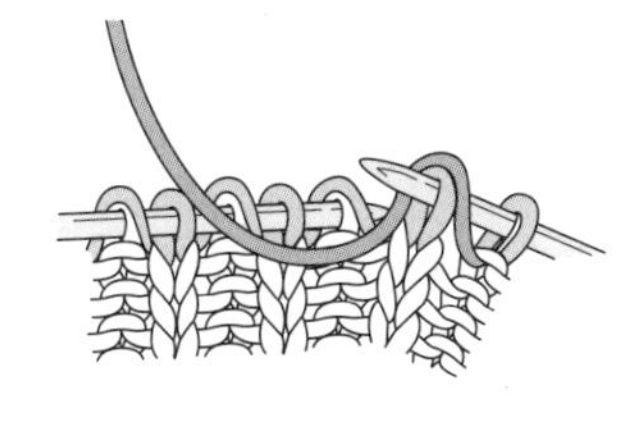

❹第2行,下针不织(不要改变针目的方向)移至右棒针上,挂线。

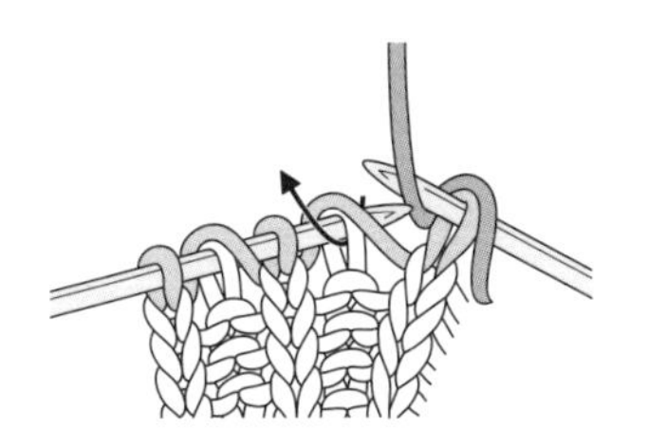

❺织上针时,如箭头所示插入右棒针。

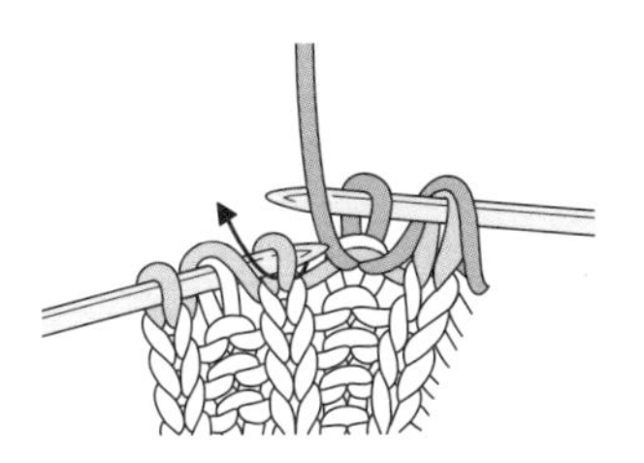

❻在针目和第1行所挂的线里一起织上针。下针不织移至右棒针上,挂线。

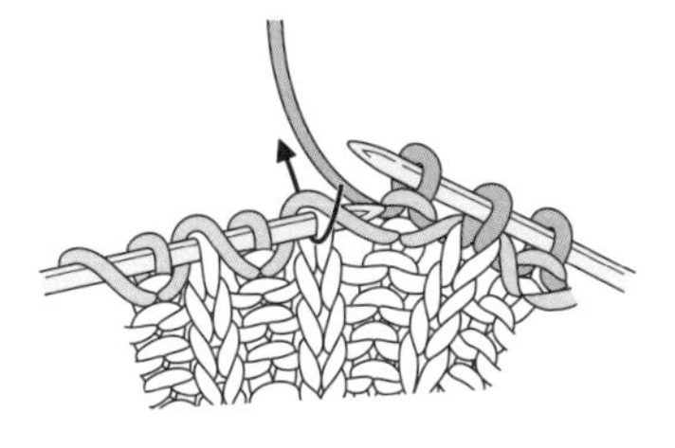

❼从第3行开始,后面的奇数行织下针时,如箭头所示插入右棒针。

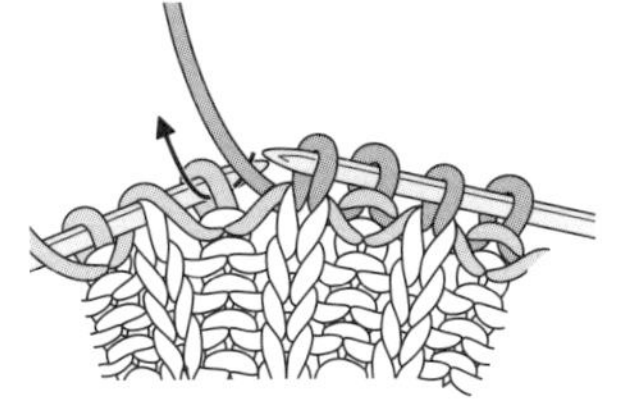

❽在针目和前一行所挂的线里一起编织。接着,重复步骤❹~❽继续编织。

起伏针编织的别样围脖

→p.4

[材料和工具]
用线…和麻纳卡 Amerry炭灰色(30)71g/2团、青花蓝色(29)24g/1团
针…棒针6号
其他…和麻纳卡记号圈(H250-708)

[密度]
起伏针条纹花样:10cm×10cm面积内 18.5针、37行

[尺寸]
参照图示

[编织要领]
❶另线锁针起针后开始编织。用炭灰色线编织2行起伏针。第3行从第33针开始换成青花蓝色线编织。第4行先织13针，翻转织片后第1针织滑针。第6行★的针目参照p.37的步骤详解，按引返编织的消行要领编织。
❷下一行将第3行暂停编织的炭灰色线拉上来(为避免留下小洞)，与青花蓝色线交叉后织下针。
❸接下来，参照图示重复编织，编织结束时休针备用。
❹一边拆开另线锁针的起针，一边将针目移至棒针上，用炭灰色线与编织结束行的针目做起伏针的缝合，连接成环形。

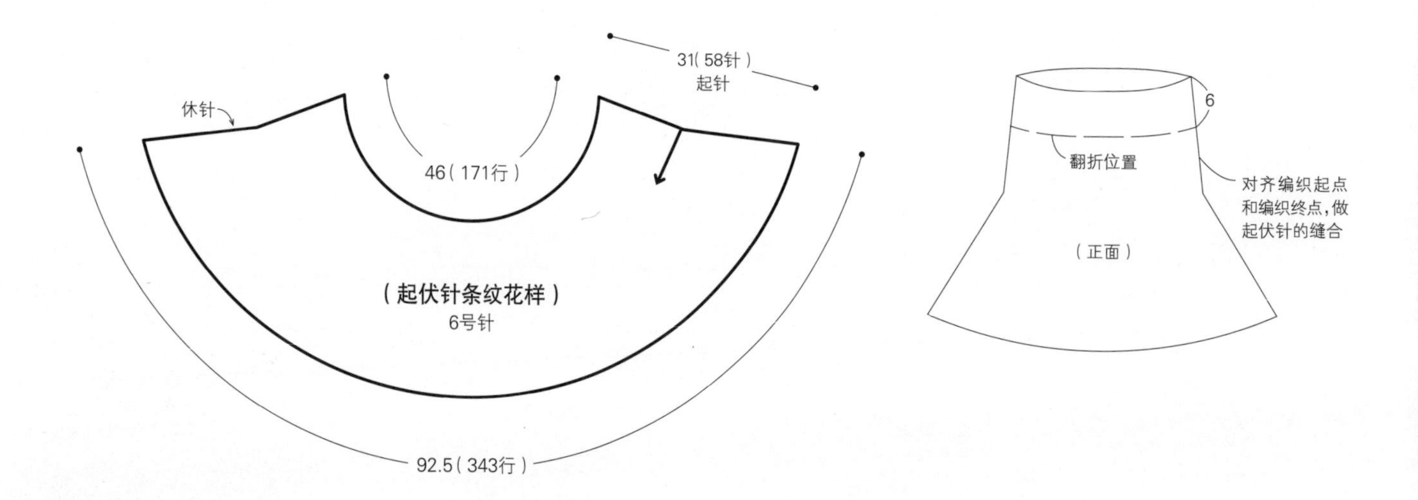

起伏针的缝合

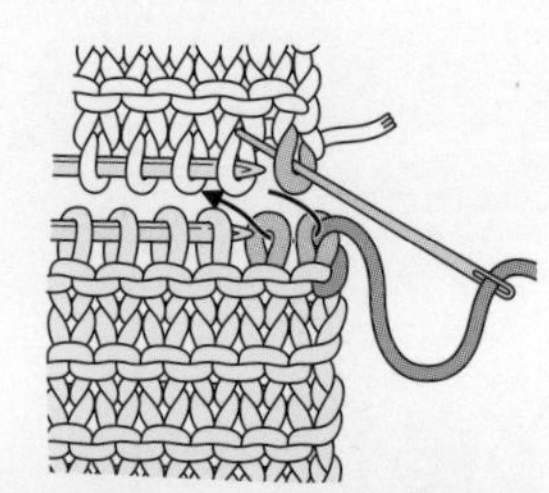

❶从织片前面一端针目的反面入针，从正面出针。然后，从织片后面一端针目的正面入针，从反面出针。接着，从织片前面的针目的正面入针，从旁边针目的正面出针。

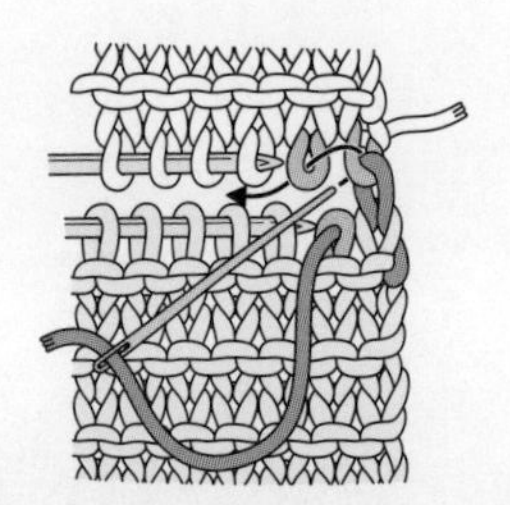

❷从织片后面针目的反面入针，从旁边针目的反面出针。

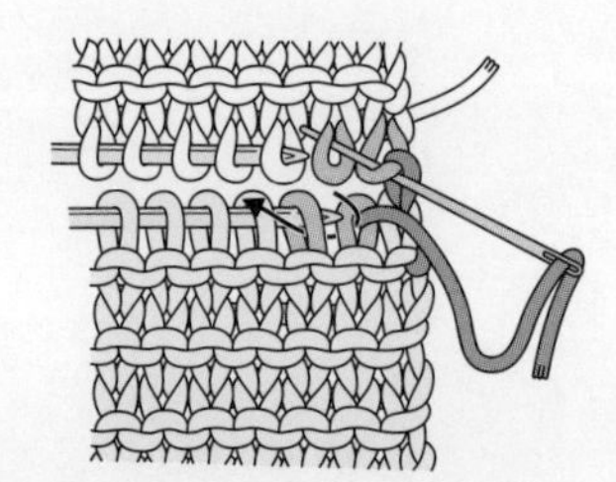

❸如步骤❶、❷箭头所示，重复插入缝针。

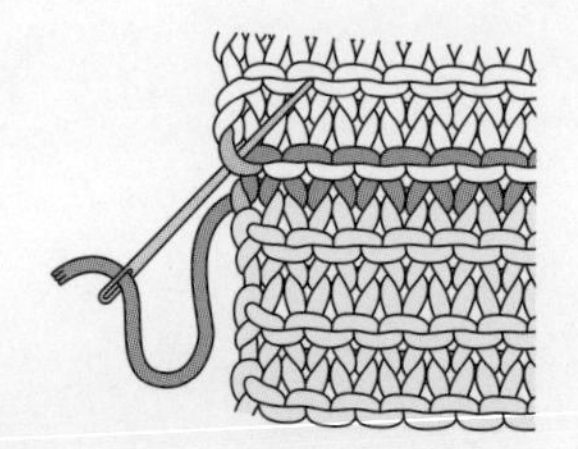

❹最后，从织片前面的一端针目的正面入针，再从织片后面的一端针目的反面入针。这样缝合就完成了，缝合的线构成1行。

起伏针条纹花样

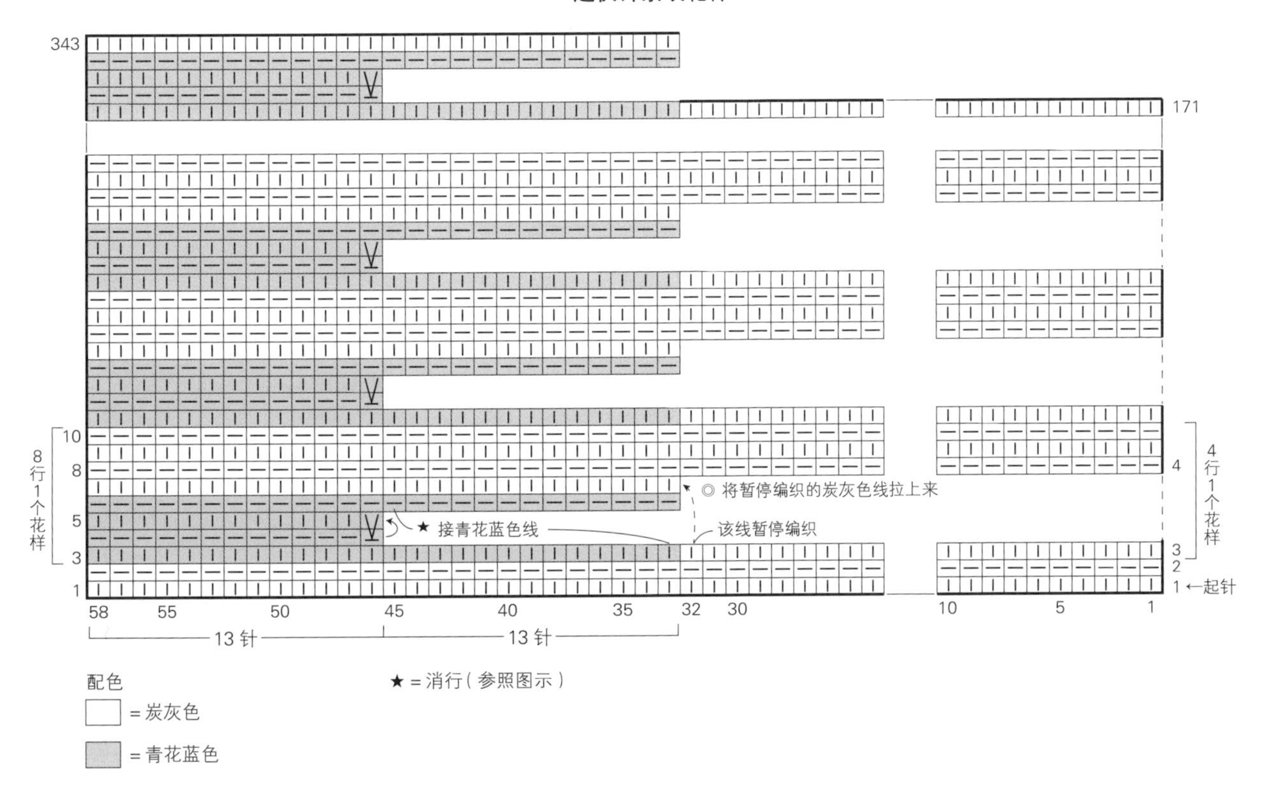

╳ 引返编织

※为了便于理解，此处使用了记号圈。

❶编织至青花蓝色线的第2行，翻转织片，在线上穿入记号圈，第1针织滑针，继续编织第3行。

❷编织至第4行★的针目的前一针，将★的针目移至右棒针上。

❸将记号圈上的线圈移至左棒针上。

❹从后面插入右棒针，在2个针目里一起织下针(消行)。

❺现在已经编织至第4行★的针目。接着编织第1行的青花蓝色线的针目。

❻第5行，从青花蓝色线的下方，将暂停编织的炭灰色线拉上来继续编织。

❼第5行编织完成。※图中编织时减少了针数。

2 树叶花样的围巾

→p.5

[材料和工具]
用线…和麻纳卡 Amerry草绿色(13)120g/3团
针…棒针8号、6号

[密度]
起伏针(2根线):10cm×10cm面积内 16针、30行

[尺寸]
宽18cm、全长78.5cm、领围43.5cm

[编织要领]
◎全部用2根线编织。
❶另线锁针起针，从主体部分开始编织。编织起伏针。
❷编织单罗纹针前，在指定的14个针目里穿入线后备用。在没有穿线的15个针目里编织14行单罗纹针。编织结束时休针备用。接线，在刚才穿线暂停编织的14个针目里编织14行单罗纹针，编织结束时断线。
❸在分开的针目里交替挑针，将29个针目挑回至1根棒针上。用休针备用的线编织16行起伏针，无须加、减针。接着，参照图示一边在中心减针一边继续编织27行，编织结束时断线。
❹一边拆开另线锁针的起针，一边将针目移至棒针上，另一侧按步骤❷、❸的相同要领编织。
※换成新线时，不要在织片的边端接线，要在织片的中途接线。在织片的反面将线头藏好。

(1针)
树叶花片
(起伏针)
1-2-14
(-28针)
参照图示
9 (27行)
8号针
(29针)挑针
5.5 (16行)
(单罗纹针)
双层 6号针
正面(15针)
反面(14针)
6 (14行)
主体
(起伏针)
8号针
43 (128行)
18(29针)
起针
(单罗纹针)
双层 6号针
正面(15针)
反面(14针)
6 (14行)
(29针)挑针
(起伏针)
5.5 (16行)
8号针
1-2-14
(-28针)
参照图示
9 (27行)
(1针)

双层单罗纹针的编织方法

❶主体的起伏针编织完成后，将另线穿入缝针，然后在织片的反面每隔一针穿入另线。

❷在14个针目里穿入另线后的状态。图中是织片的反面。

❸在15个针目里织前片的单罗纹针(步骤❶中穿线的针目不织，从棒针上取下)。

❹1行单罗纹针编织完成(上图)。继续编织至第14行。步骤❶中穿线的14个针目留在织片的反面(下图)。

❺前片编织完成后，后片也编织单罗纹针。如图所示，前片和后片的单罗纹针编织完成。接着，交替挑针，编织树叶花片。

❻树叶花片编织完成。

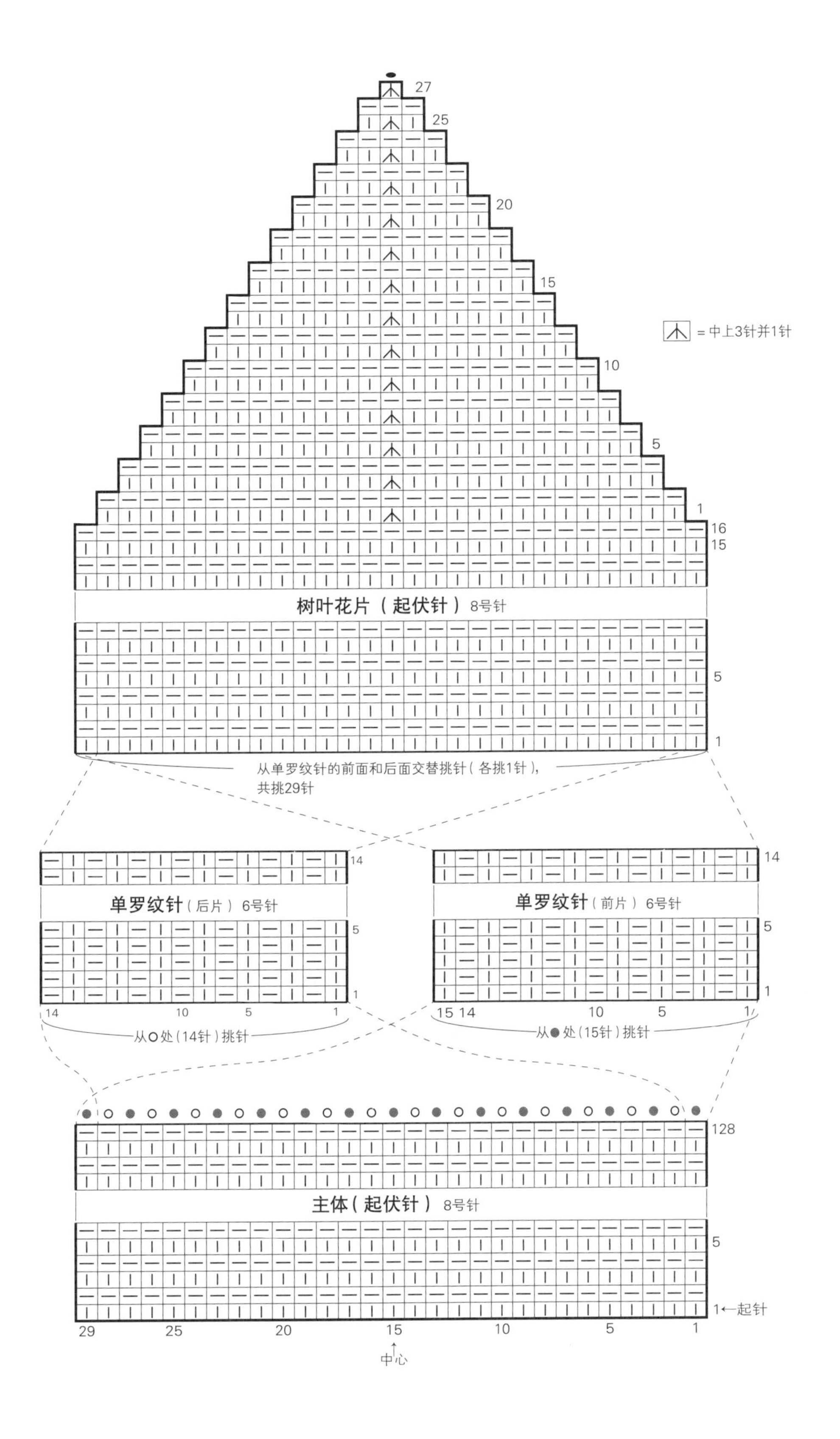

27
25
20
15
10
5
1
16
15
=中上3针并1针
树叶花片（起伏针）8号针
5
1
从单罗纹针的前面和后面交替挑针（各挑1针），
共挑29针
14
单罗纹针（后片）6号针
5
1
14 10 5 1
从○处（14针）挑针
14
单罗纹针（前片）6号针
5
1
15 14 10 5 1
从●处（15针）挑针
128
主体（起伏针）8号针
5
1←起针
29 25 20 15 10 5 1
中心

3 带飘带的三角形披肩

→p.6

[材料和工具]

用线…和麻纳卡 Alpaca Villa原白色(1)、淡蓝色(4)各35g/各2团

针…棒针7号

[密度]

主体的起伏针编织(2根线)的三角形部分:10cm×10cm面积内 19针、36行

飘带的起伏针编织:10cm×10cm面积内 22针、29行

[尺寸]

参照图示

[编织要领]

◎全部按指定配色用2根线编织。

手指挂线起针后开始编织，编织起伏针。两端的针目织滑针。三角形部分的减针是在指定位置织2针并1针。编织结束时做伏针收针。将三角形部分用卷针缝缝至飘带的指定位置。

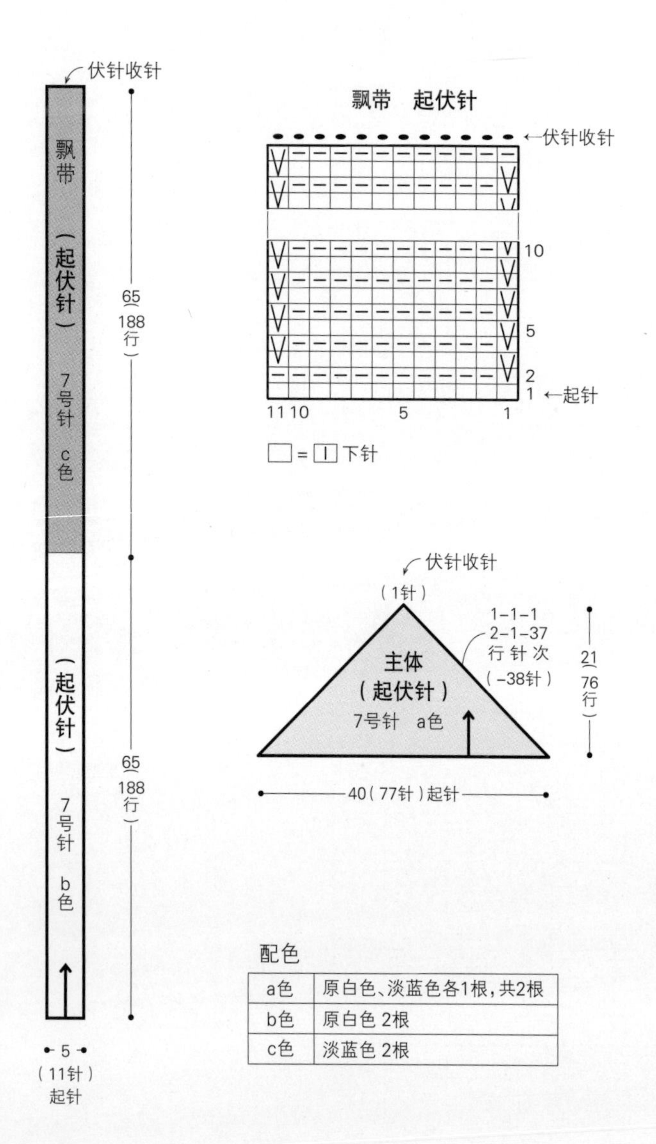

配色

a色	原白色、淡蓝色各1根，共2根
b色	原白色 2根
c色	淡蓝色 2根

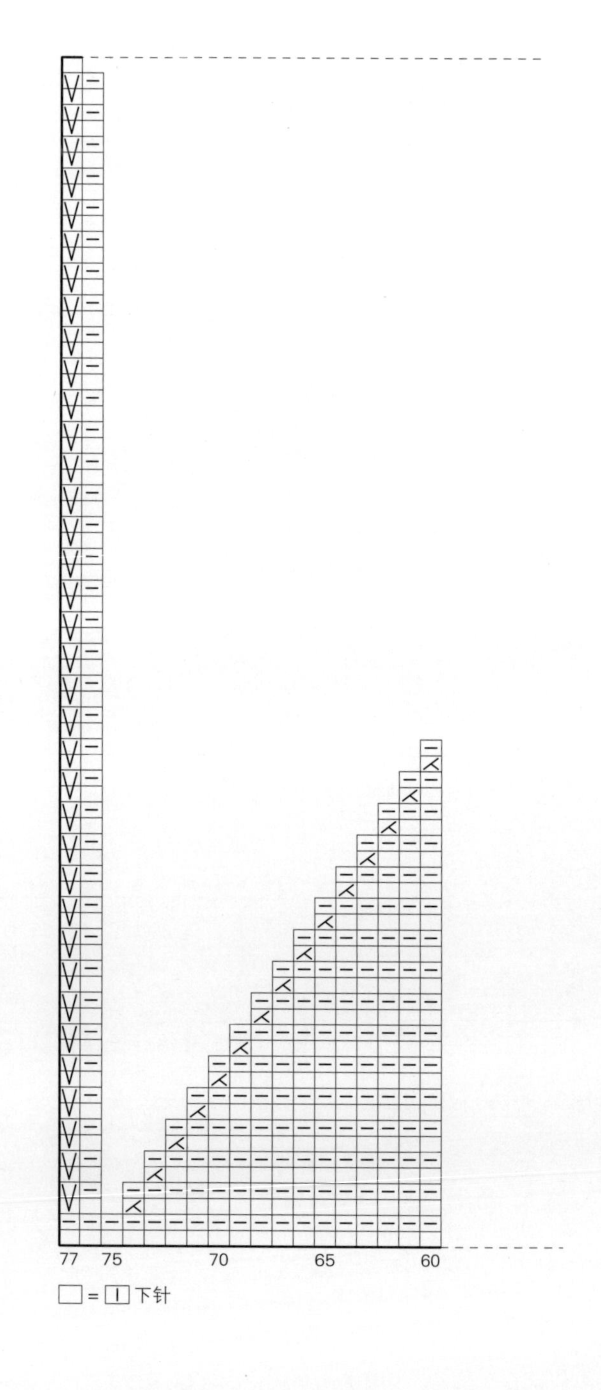

组合方法

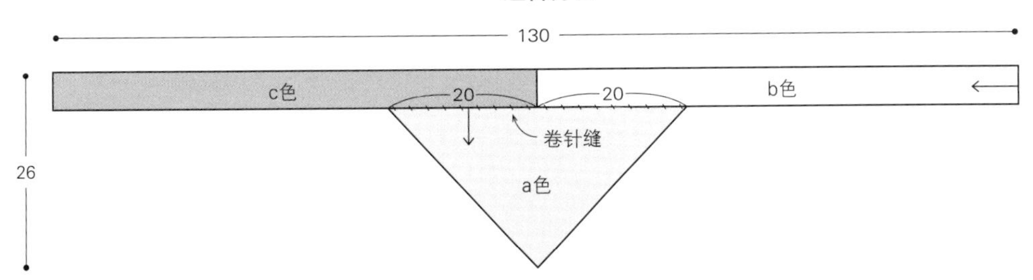
130
c色
20
20
b色
卷针缝
a色
26

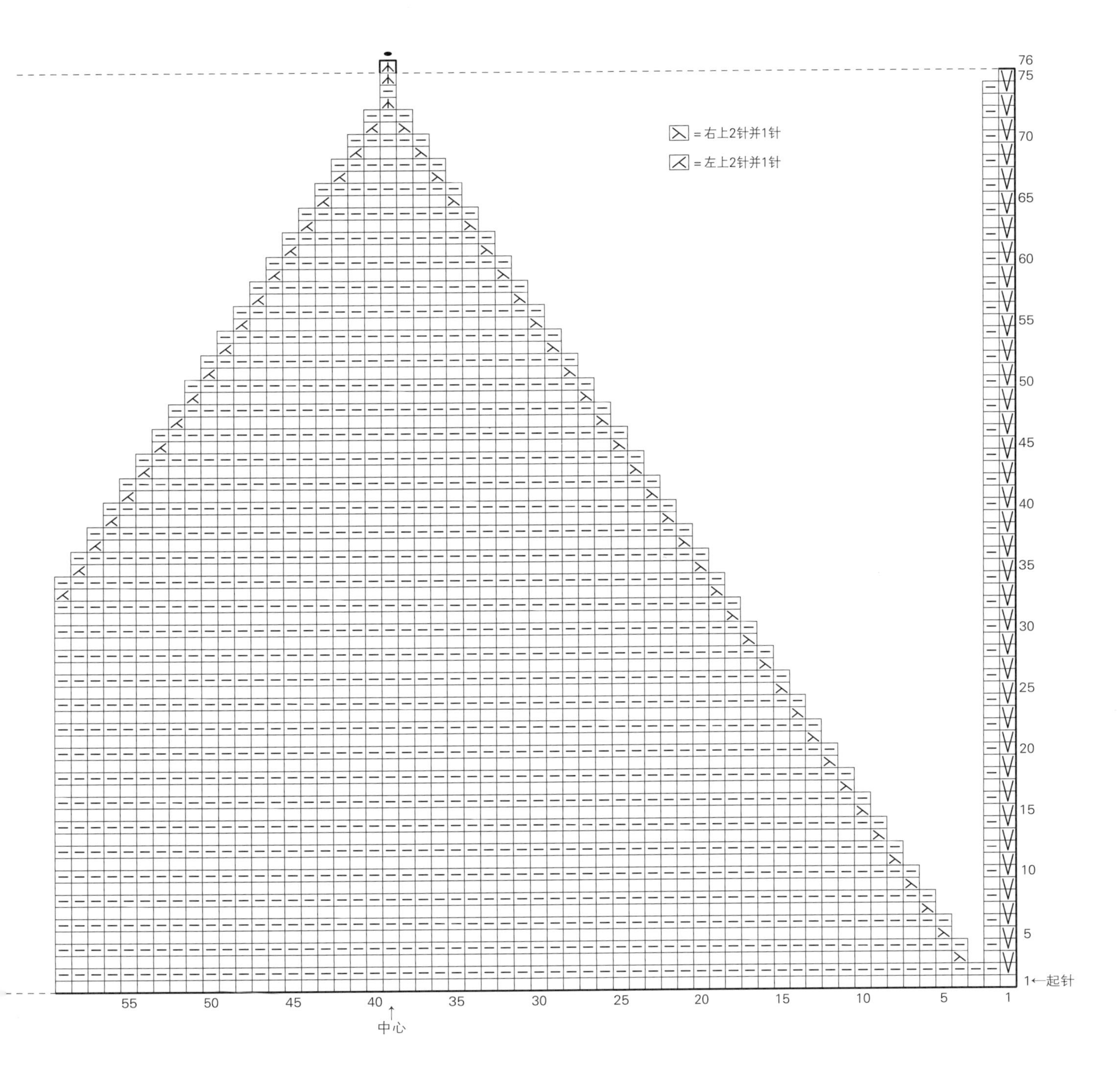
= 右上2针并1针
= 左上2针并1针
76
75
70
65
60
55
50
45
40
35
30
25
20
15
10
5
1←起针
55
50
45
40
35
30
25
20
15
10
5
1
中心

4 枣形针花样的宽松围脖

→p.8

[材料和工具]
用线…和麻纳卡 Sonomono Alpaca Wool（中粗）
炭灰色（65）116g/3团
针…棒针8号

[密度]
编织花样：10cm×10cm面积内 25针、24行

[尺寸]
参照图示

[编织要领]
手指挂线起针后开始编织。按编织花样环形编织70行。编织4行单罗纹针，编织结束时做单罗纹针的收针。

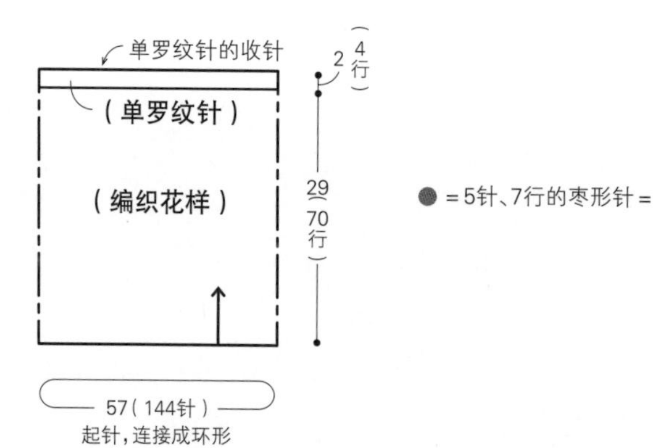

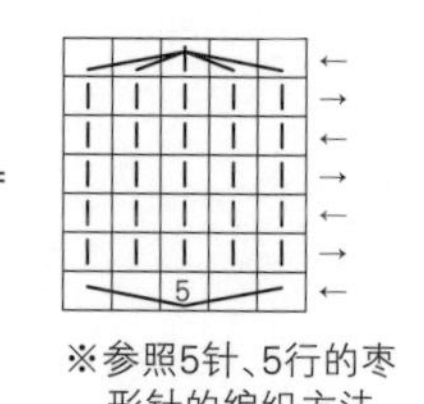

※参照5针、5行的枣形针的编织方法。

5针、5行的枣形针

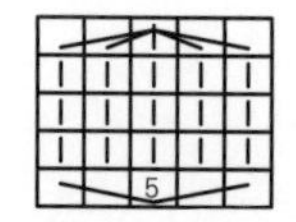

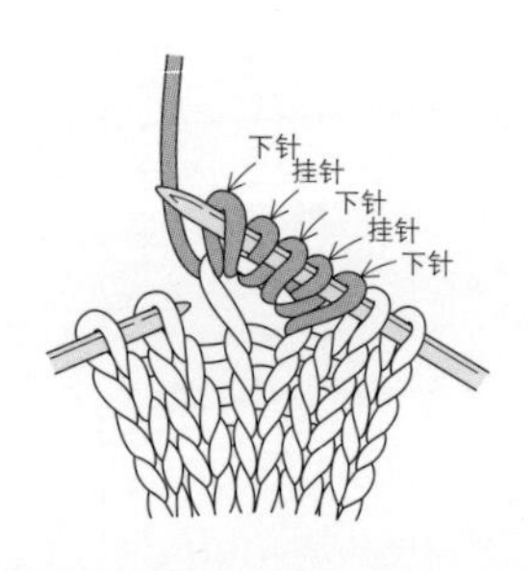

❶在同一个针目里重复织下针和挂针，即1针放5针。

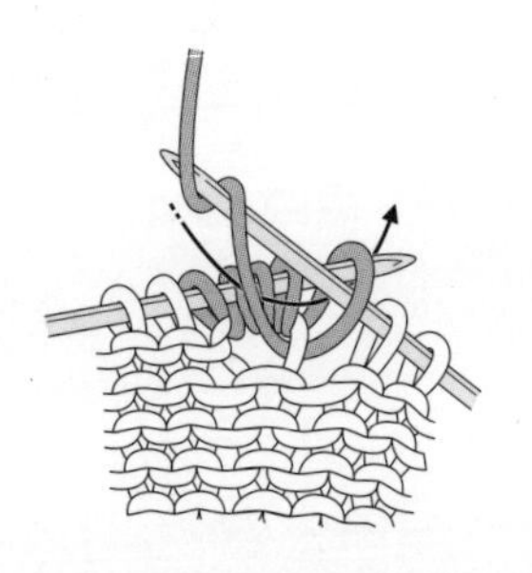

❷马上翻转织片，看着反面、在加出的5针里织上针。

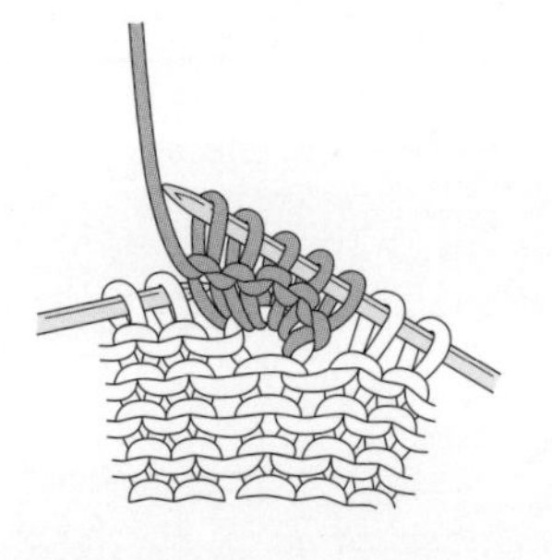

❸完成的状态。在这5个针目里再织2行下针。

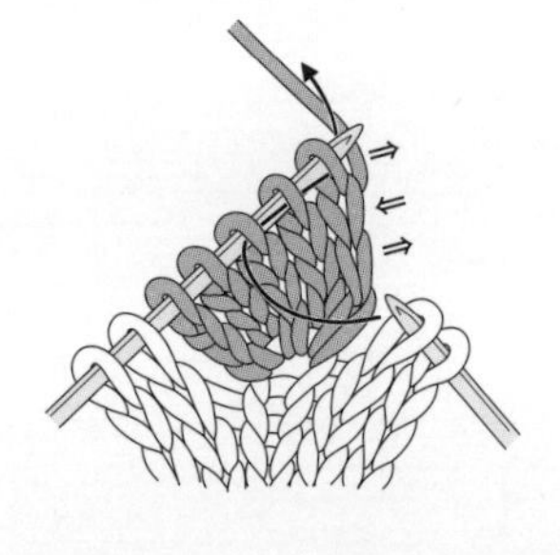

❹下面一行，首先将右棒针从左侧一次插入右边的3个针目里，不织，移至右棒针上。

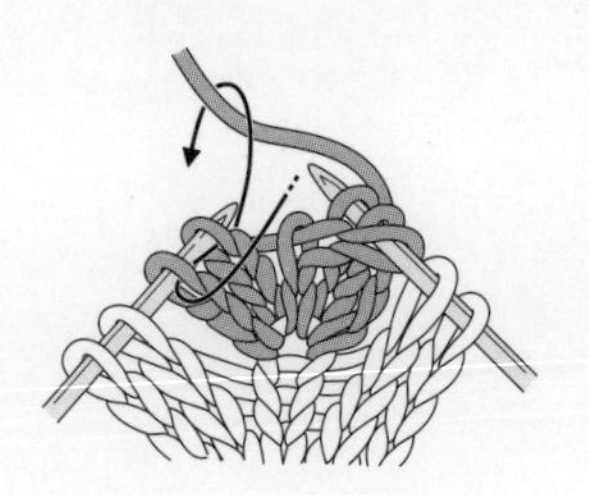

❺在剩下的2个针目里一起织下针。

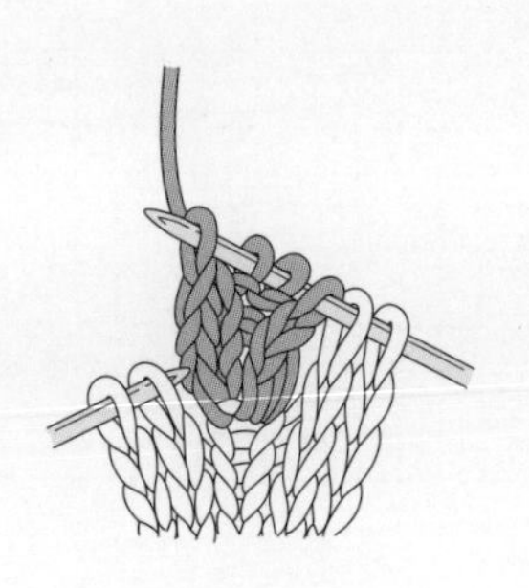

❻完成后的状态。

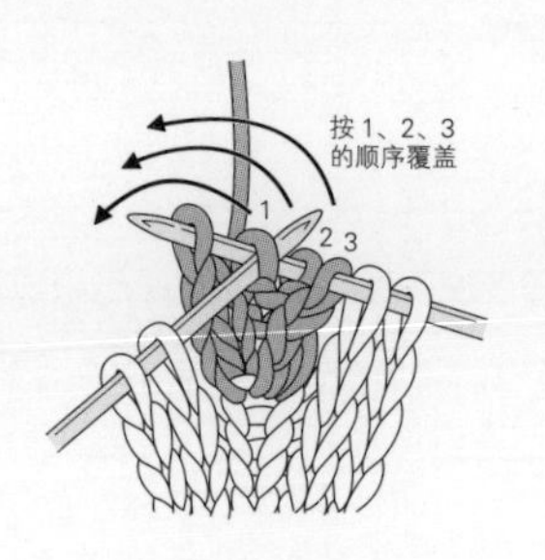

❼按1、2、3的顺序，依次将移过来的针目覆盖在刚才织的下针上。

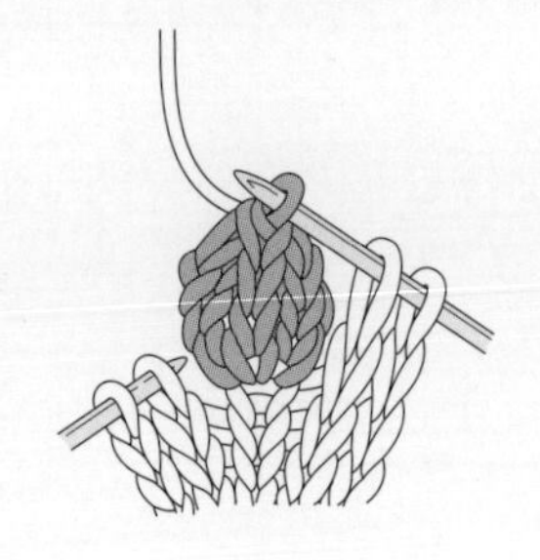

❽5针、5行的枣形针完成。

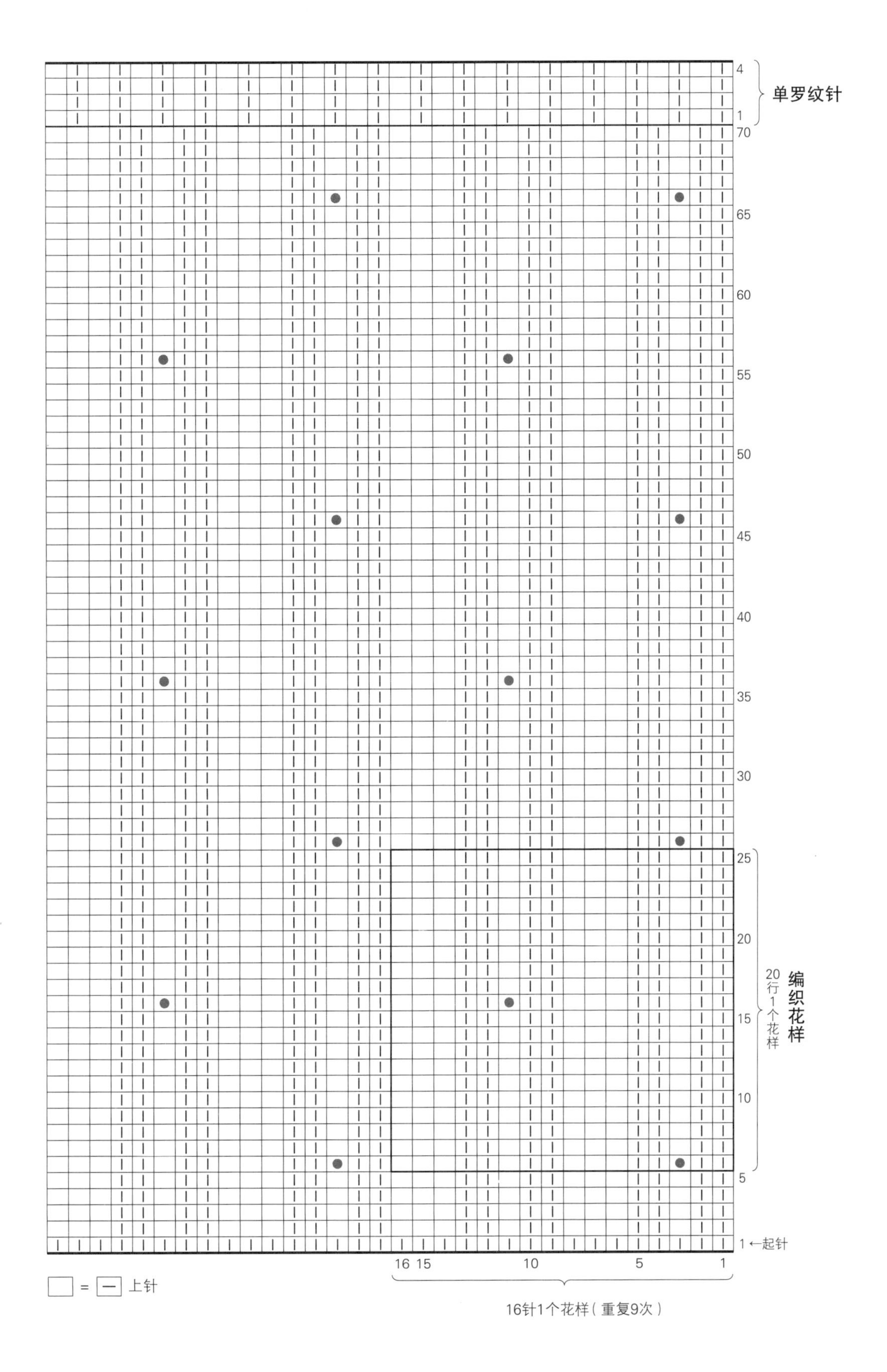
4
1
单罗纹针
70
65
60
55
50
45
40
35
30
25
20
15
10
5
20行1个花样
编织花样
1←起针
16 15
10
5
1
16针1个花样（重复9次）
= — 上针

阿兰花样的围脖

→p.10

［材料和工具］
用线…和麻纳卡 Amerry棕色（23）70g/2团
针…棒针6号、4号
纽扣…直径2.3cm（木制）3颗

［密度］
编织花样：58针=18cm、10cm=29.5行

［尺寸］
领围51cm、宽18cm

［编织要领］
❶手指挂线起针后开始编织。编织14行双罗纹针。
❷在编织花样的第1行的指定位置，挑起针目和针目之间的横线织扭加针。然后，无须加、减针编织至138行。
❸在双罗纹针的第1行减4针，编织6行。在第7行留出扣眼。编织结束时，做下针织下针和上针织上针的伏针收针。
❹在指定位置缝上3颗纽扣。

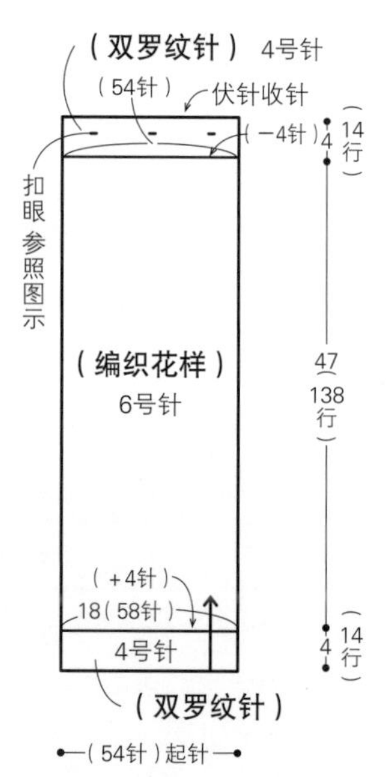

2针的扣眼

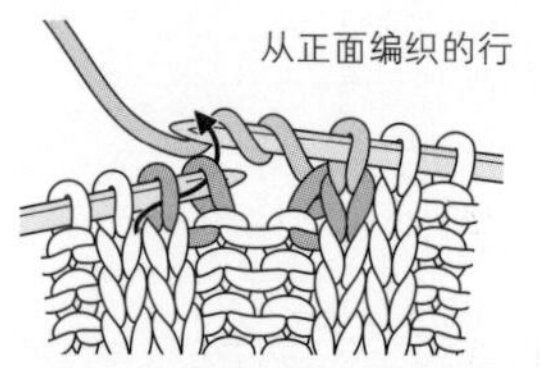

❶先织右上2针并1针，然后织2针挂针。接着，如箭头所示在2个针目里插入右棒针。

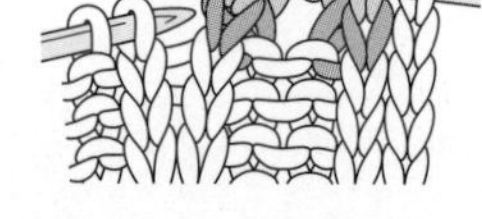

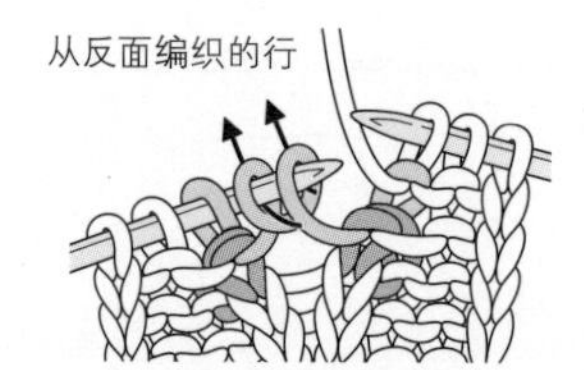

❷织左上2针并1针。

❸下面一行，在2针挂针里如箭头所示插入右棒针，织2针扭针。

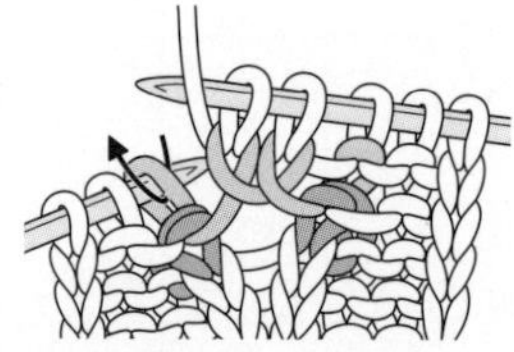

❹下个针目织上针。

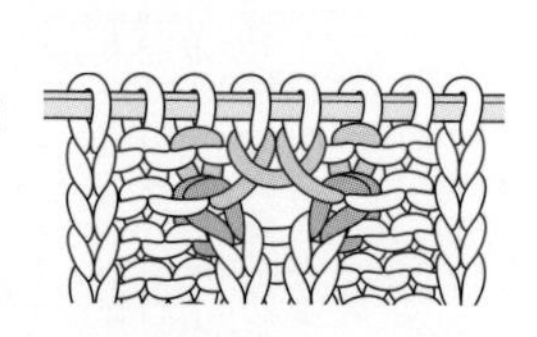

❺2针的扣眼完成。这是从反面看到的状态。

右上2针和1针的交叉（下方为上针）

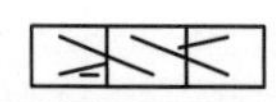

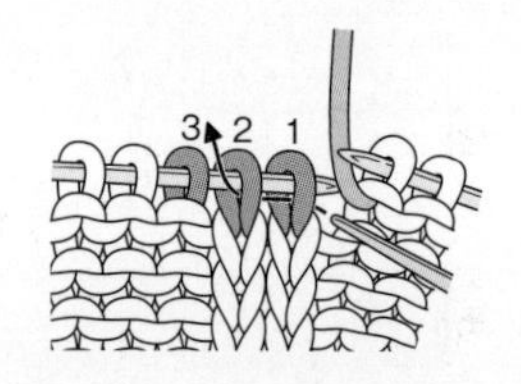

❶将右边的2针移至麻花针上。

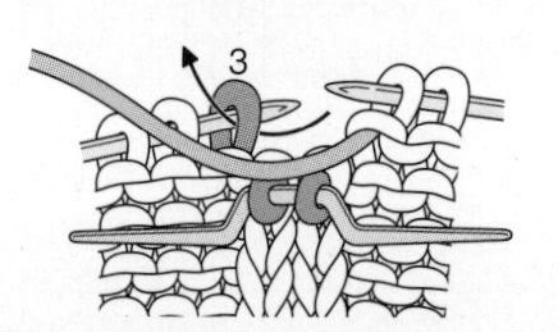

❷将移过来的针目放在前面休针备用。在针目3里织上针。

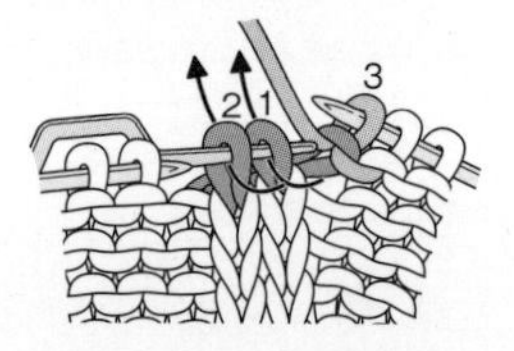

❸在麻花针的2个针目里织下针。

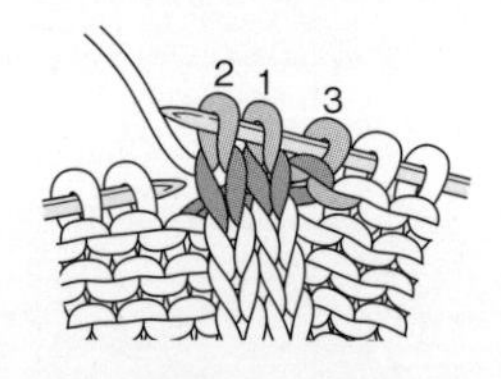

❹右上2针和1针的交叉（下方为上针）完成。

左上2针和1针的交叉（下方为上针）

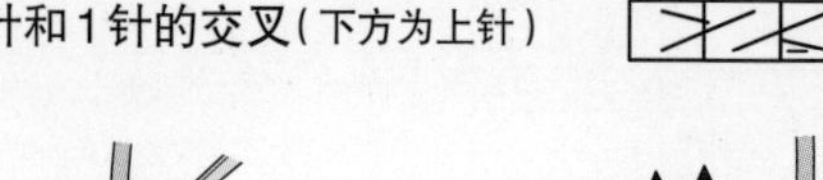

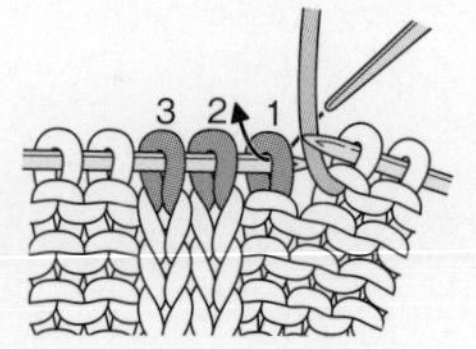

❶将针目1移至麻花针上。

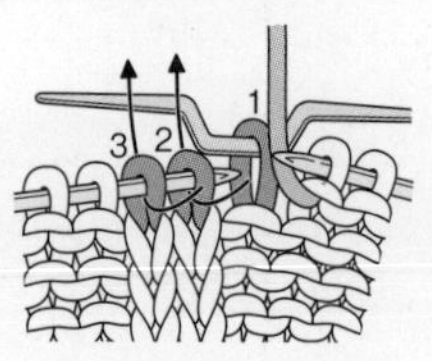

❷将移过来的针目放在后面休针备用。分别在针目2、3里织下针。

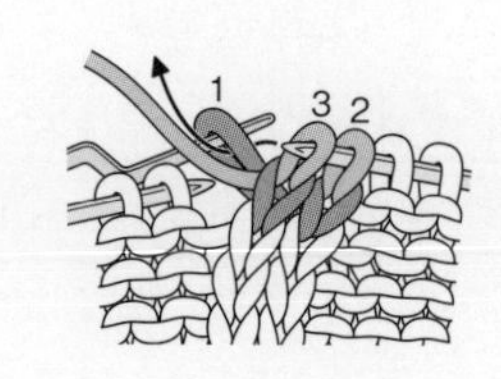

❸在麻花针的1个针目里织上针。

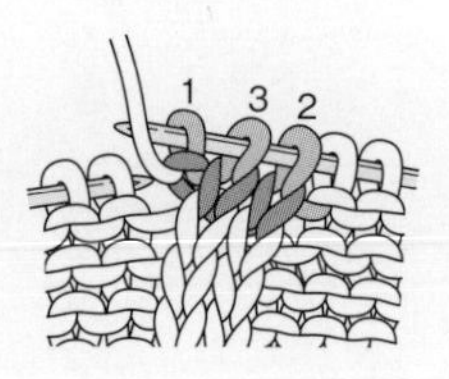

❹左上2针和1针的交叉（下方为上针）完成。

编织花样

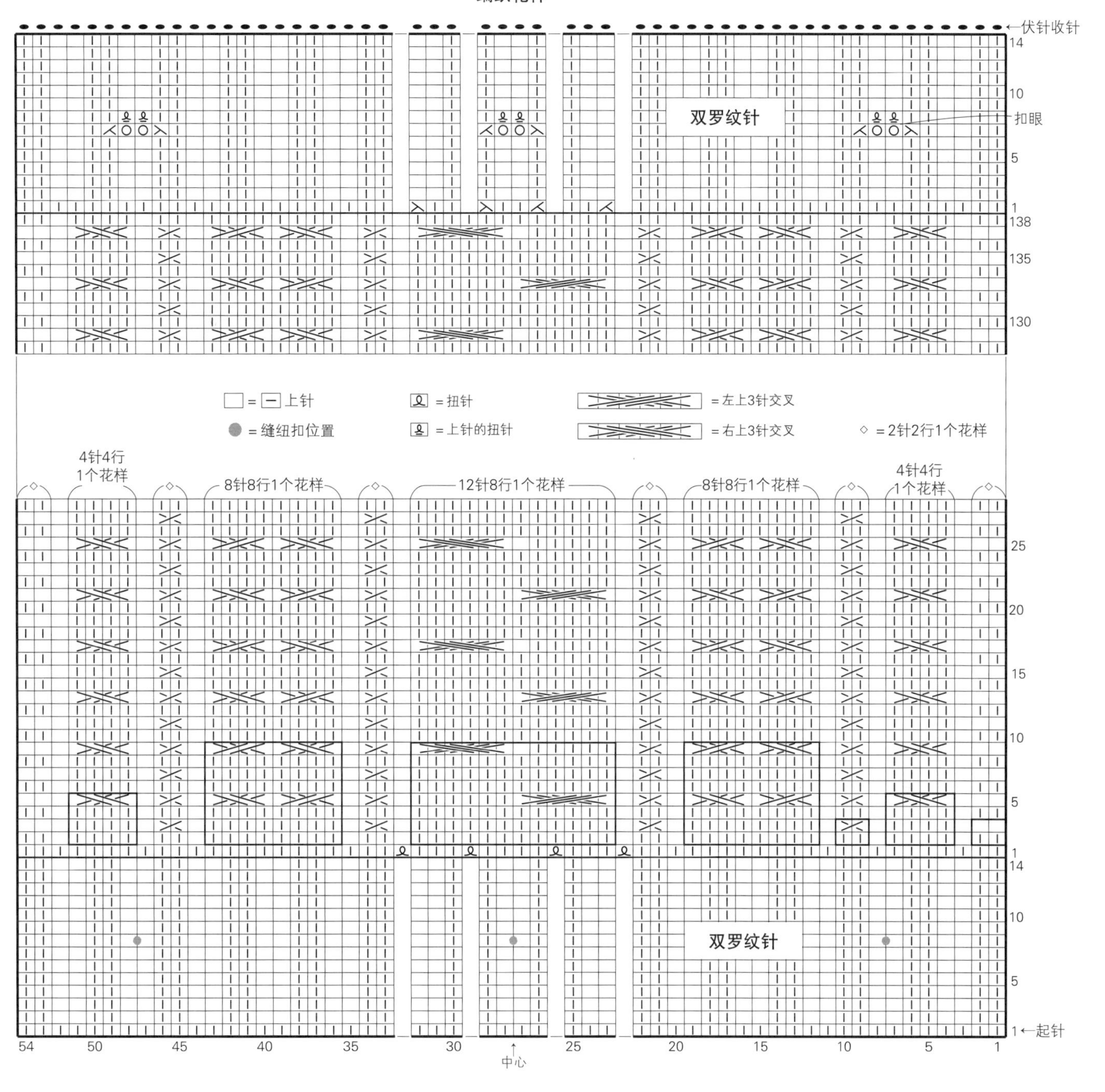

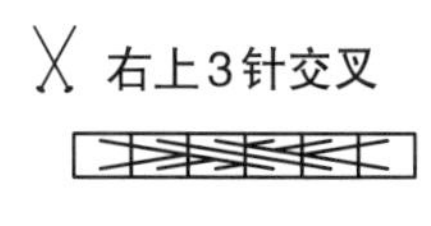

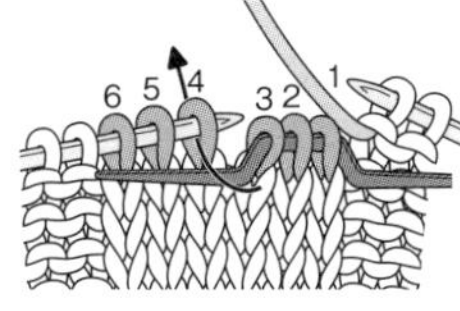

❶将右边的3针移至麻花针上，放在前面休针备用。在针目4~6里，从针目4开始依次织下针。

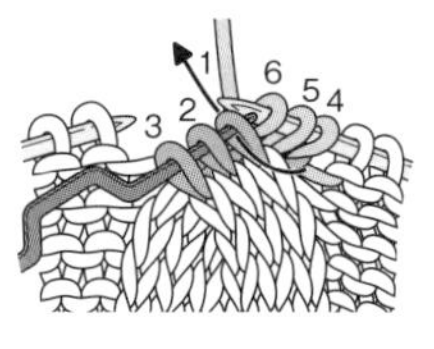

❷在麻花针的3个针目里，从针目1开始依次织下针。

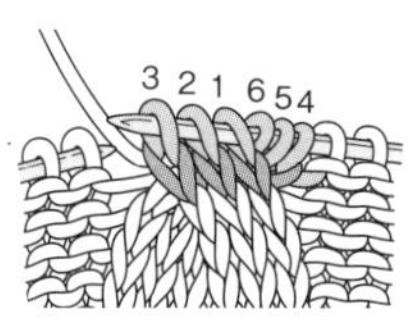

❸右上3针交叉完成。

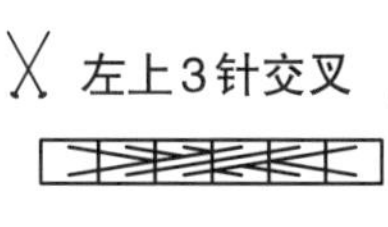

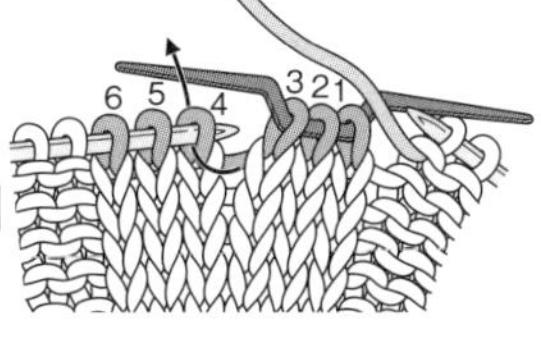

❶将右边的3针移至麻花针上，放在后面休针备用。在针目4~6里，从针目4开始依次织下针。

❷在麻花针的3个针目里，从针目1开始依次织下针。

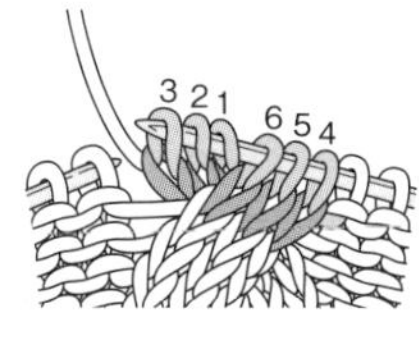

❸左上3针交叉完成。

仿皮草饰边的奢华围脖

→p.11

[材料和工具]

用线…和麻纳卡 Sonomono Alpaca Wool（中粗）棕色（63）33g/1团、Lupo棕色（2）30g/1团

针…棒针6号（Sonomono）、10号（Lupo）

[密度]

编织花样（1个花样）：16针=6.5cm、10行=4cm（Sonomono）

单罗纹针：10cm×10cm面积内 12.3针、17行（Lupo）

[尺寸]

领围52cm、宽16cm

[编织要领]

❶手指挂线起针后开始编织。环形编织单罗纹针和编织花样。用Sonomono线编织21行后，做伏针收针。

❷换成Lupo线，从编织花样的最后一行每隔一针插入棒针，一边将线拉出一边编织第1行。环形编织单罗纹针，编织结束时，做下针织下针和上针织上针的伏针收针。

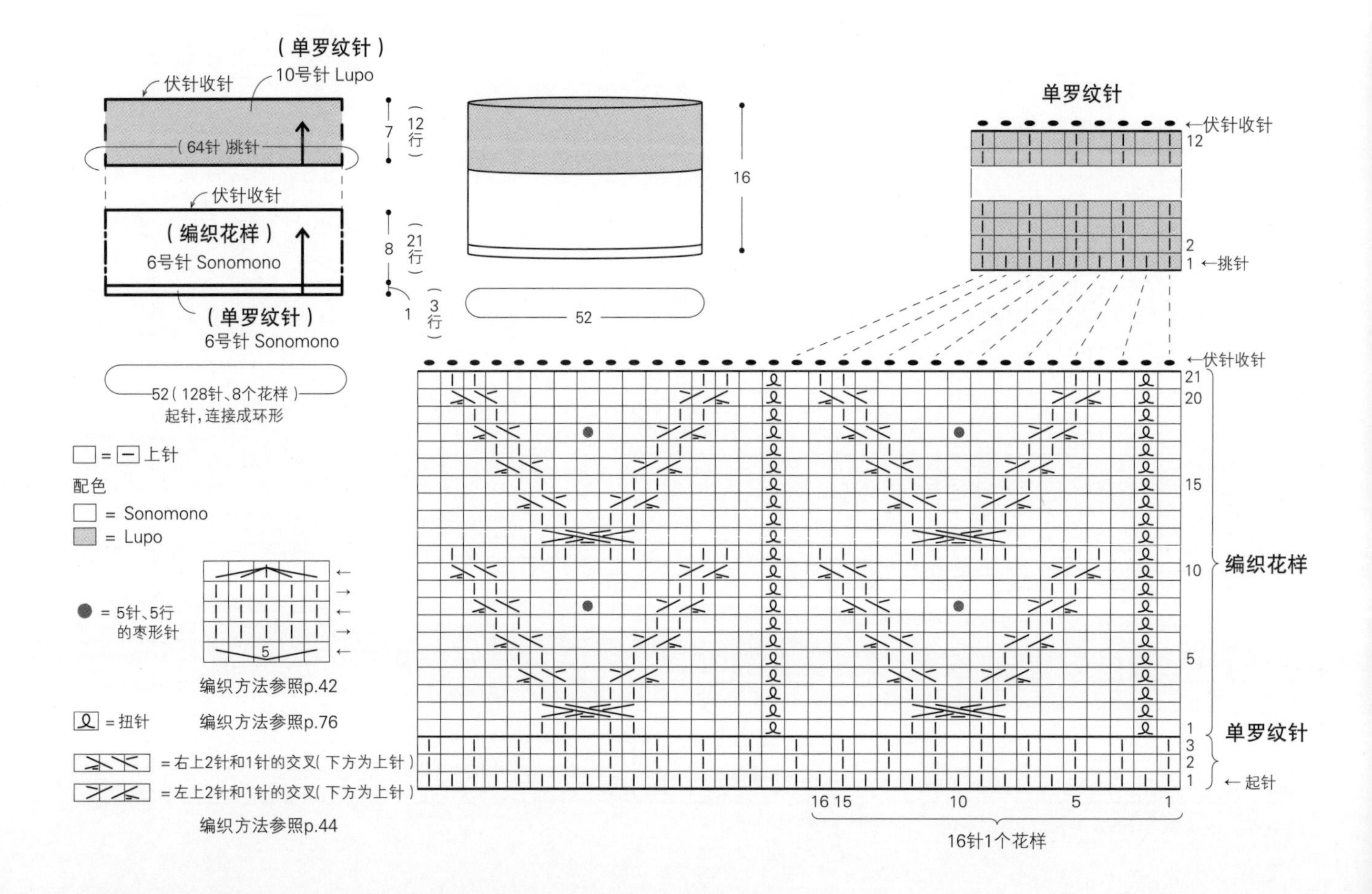

右上2针交叉（中间夹1针）

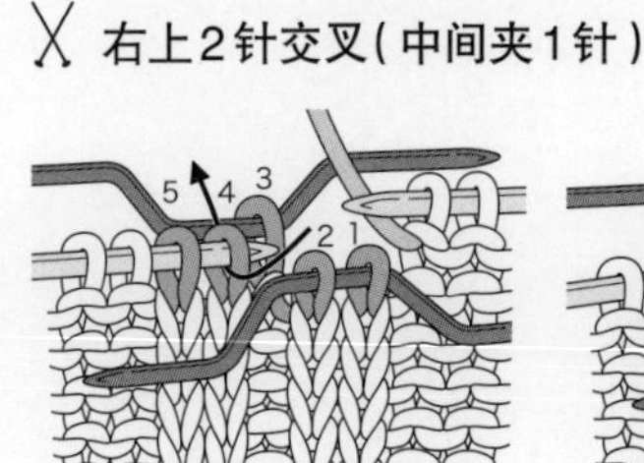

❶分别将针目1、2移至麻花针上放在前面，将针目3移至麻花针上放在后面，休针备用。

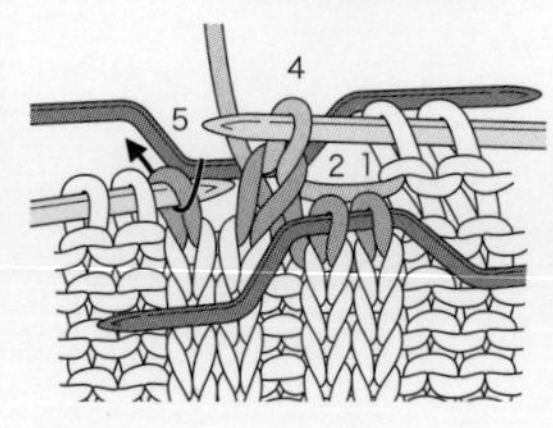

❷在针目4、5里织下针。

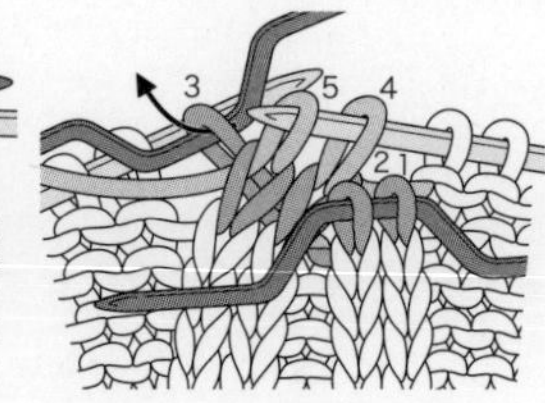

❸在针目3里织上针。

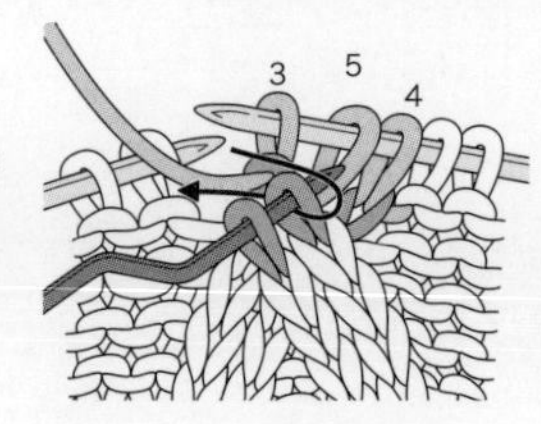

❹在针目1、2里也织下针。

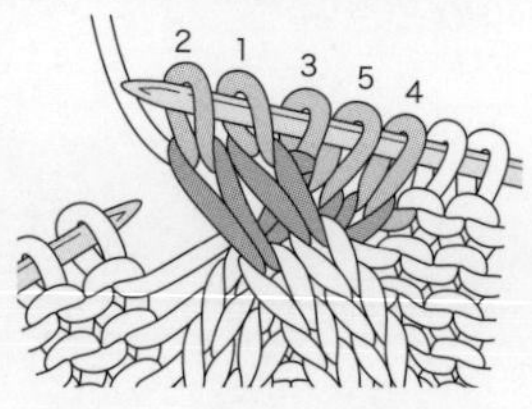

❺右上2针交叉（中间夹1针）完成。

9 棋盘格纹的围脖

→p.14

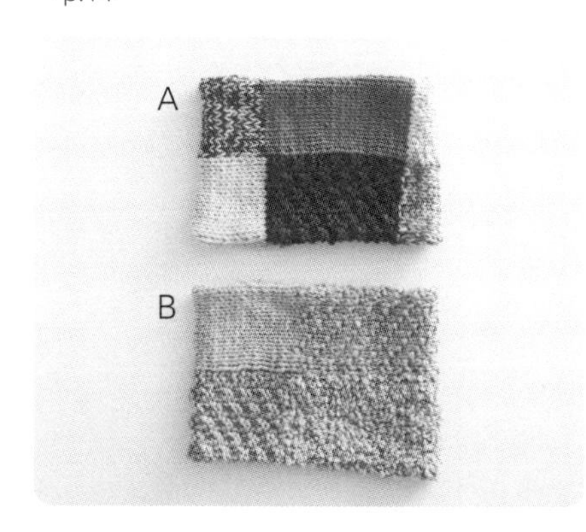

A为绿色系 B为自然色系 除指定以外，A、B通用

[材料和工具]

用线…A 和麻纳卡Exceed Wool L浅驼色(302)46g/2团，绿色(345)22g、炭灰色(328)18g、蓝色(322)6g/各1团

B 和麻纳卡Sonomono Loop浅驼色(52)27g/1团、Sonomono浅驼色(12)33g/1团、Sonomono Alpaca Wool(中粗)浅驼色(62)、灰色(64)各11g/各1团

针…棒针15号

[密度]

下针编织(2根线)：10cm×10cm面积内 12针、18行

[尺寸]

领围56cm、宽20cm

[编织要领]

◎A=用2根指定的线编织。

◎B= Sonomono Alpaca Wool(中粗)用2根线、Sonomono Loop和Sonomono各用1根线编织。

❶另线锁针起针后开始编织。在中心位置纵向渡线编织。编织结束时休针备用。

❷一边拆开编织起点的另线锁针，一边将针目移至棒针上，分别用原来的线与编织结束行的针目做下针缝合，连接成环形。

A、B通用

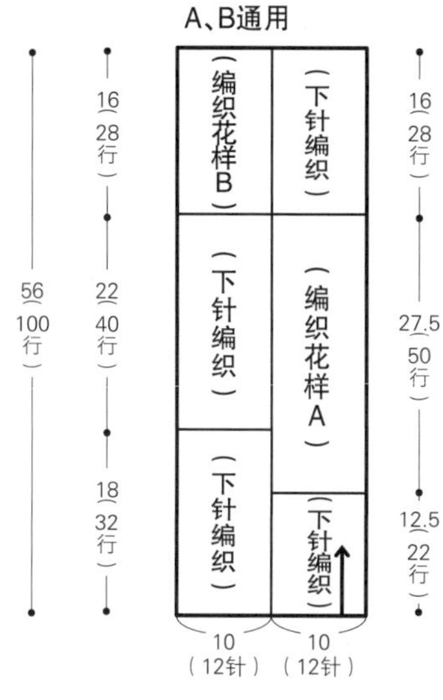

A：配色

e色 d色
c色 b色
b色 a色

※全部用Exceed Wool L 2根指定颜色的线

a色	炭灰色、蓝色
b色	浅驼色
c色	浅驼色、绿色
d色	绿色
e色	炭灰色

B：配色

h色 g色
f色 h色
g色 f色

f色	Sonomono Loop 浅驼色 1根线
g色	Sonomono Alpaca Wool(中粗)浅驼色、灰色 2根线
h色	Sonomono 浅驼色 1根线

编织花样A

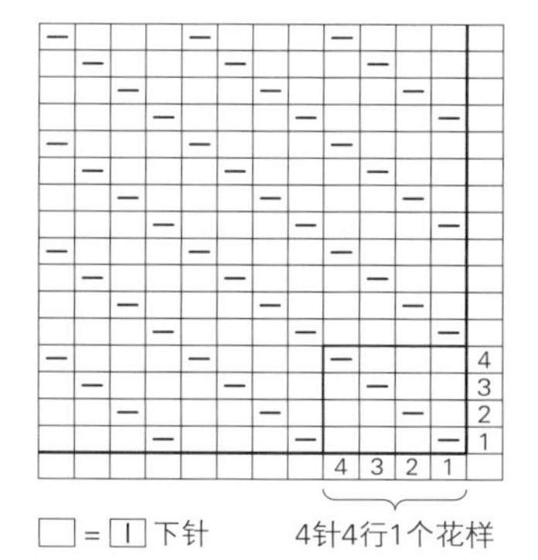

编织花样B

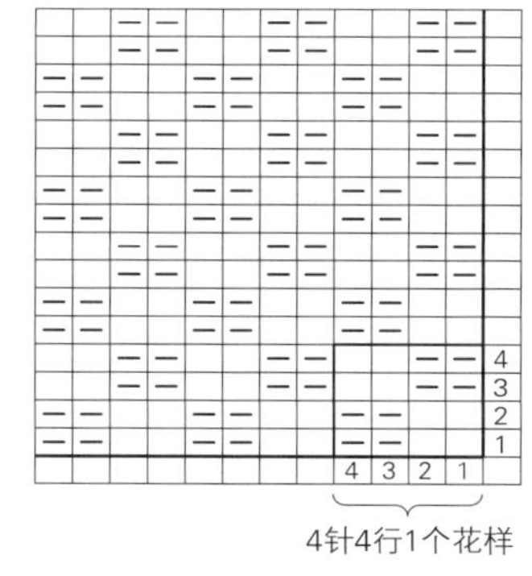

组合方法

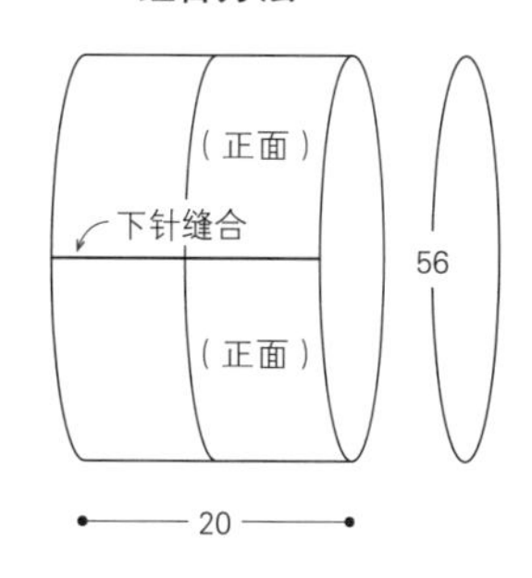

对齐编织起点和编织终点的针目，做下针缝合

8 百褶花样的装饰领

→p.12

[材料和工具]
用线…和麻纳卡 Alpaca Mohair Fine蓝色(8) 12g、紫色(10) 11g、苔绿色(6) 10g/各1团
针…棒针7号、6号
纽扣…直径2cm(浅紫色)1颗

[密度]
编织花样：10cm×10cm面积内 32针、50行

[尺寸]
领围48cm、宽15cm

[编织要领]
❶手指挂线起针后开始编织。织10行条纹花样。第11行，参照图示分散减针后做条纹花样。重复编织至60行。
❷换成6号棒针，在第1行减针，然后编织单罗纹针。在第5行留出扣眼。编织8行，编织结束时做伏针收针。
❸缝上纽扣。

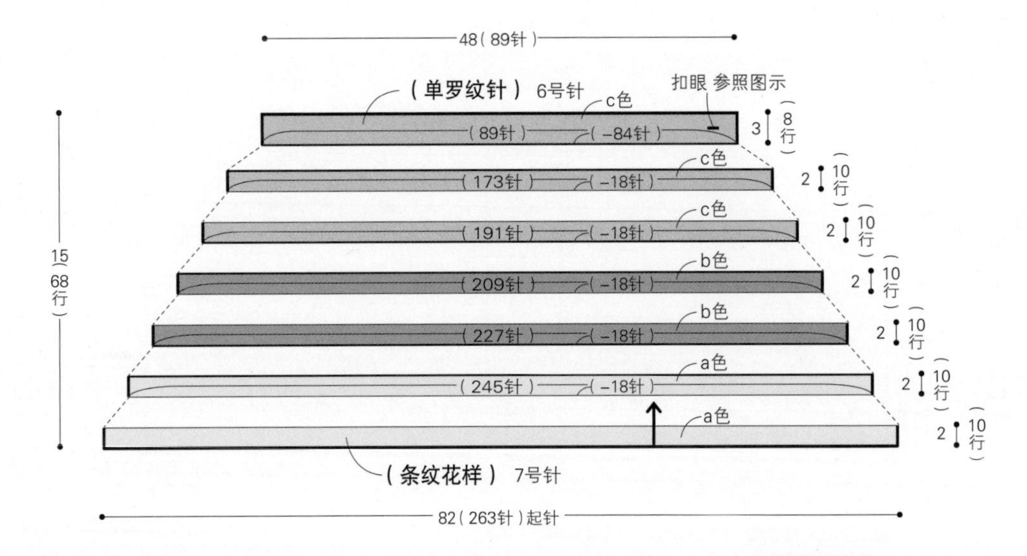

条纹花样的配色

a色	紫色
b色	苔绿色
c色	蓝色

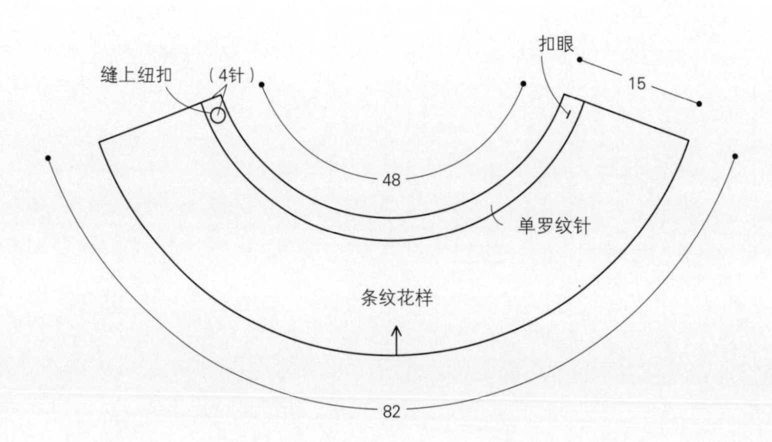

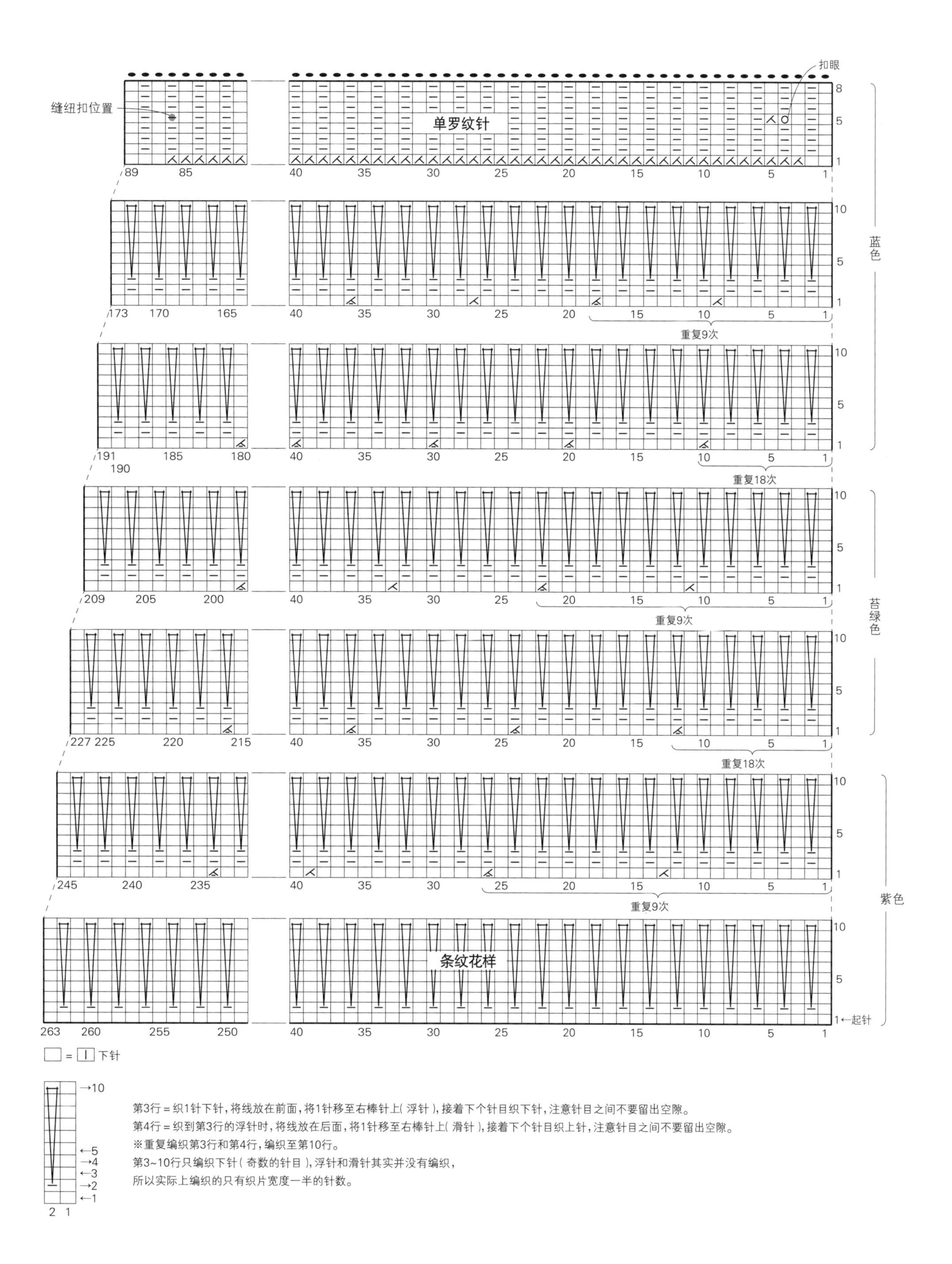

扣眼
缝纽扣位置
单罗纹针
蓝色
重复9次
重复18次
苔绿色
重复9次
重复18次
紫色
重复9次
条纹花样
1←起针
□ = ｜ 下针
第3行＝织1针下针，将线放在前面，将1针移至右棒针上（浮针），接着下个针目织下针，注意针目之间不要留出空隙。
第4行＝织到第3行的浮针时，将线放在后面，将1针移至右棒针上（滑针），接着下个针目织上针，注意针目之间不要留出空隙。
※重复编织第3行和第4行，编织至第10行。
第3~10行只编织下针（奇数的针目），浮针和滑针其实并没有编织，
所以实际上编织的只有织片宽度一半的针数。

8 百褶花样的装饰领

→p.13

[材料和工具]
用线…和麻纳卡 Sonomono Loop褐色（53）100g/3团
针…棒针8mm、15号
纽扣…边长2.3cm（古金色）1颗

[密度]
编织花样：10cm×10cm面积内 13针、40行

[尺寸]
领围48cm、宽14cm

[编织要领]
❶手指挂线起针后开始编织。织10行编织花样。第11行，参照图示分散减针后做编织花样。重复编织至40行。
❷换成15号针，参照图示在第1行分散减针后编织单罗纹针。在第3行留出扣眼。编织6行，编织结束时做伏针收针。
❸缝上纽扣。

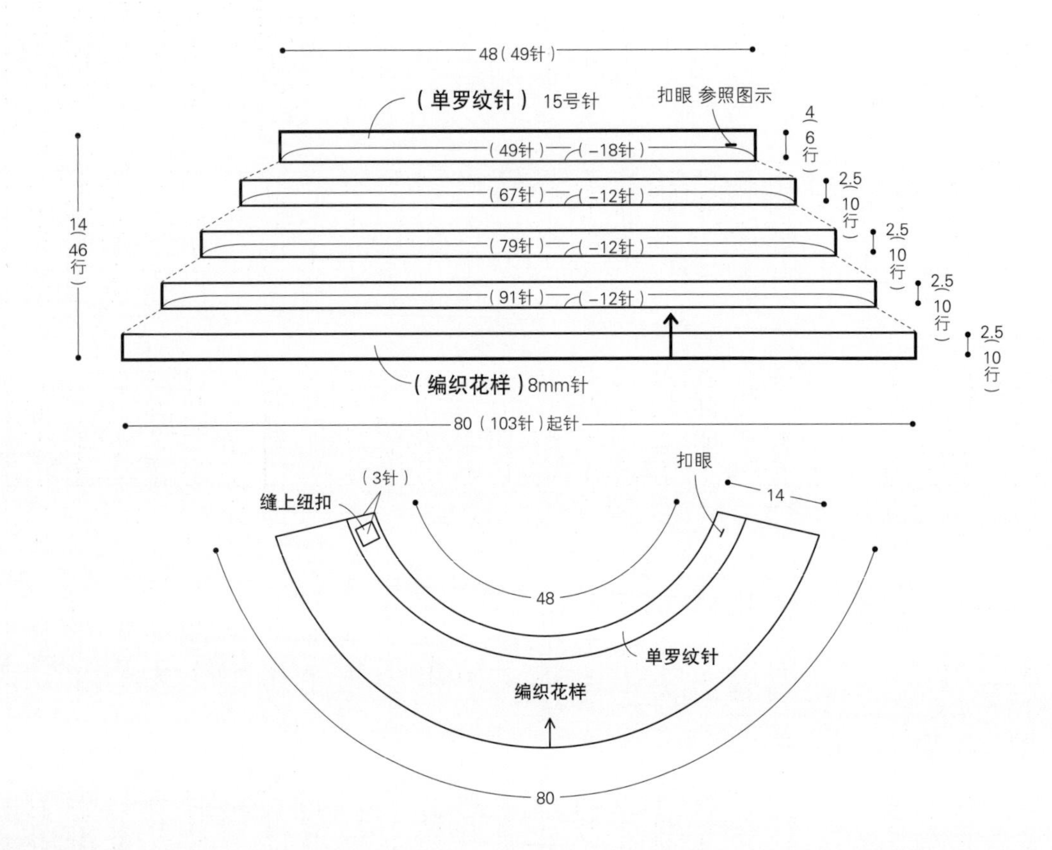

单罗纹针的收针

●两端都是1针下针的情况

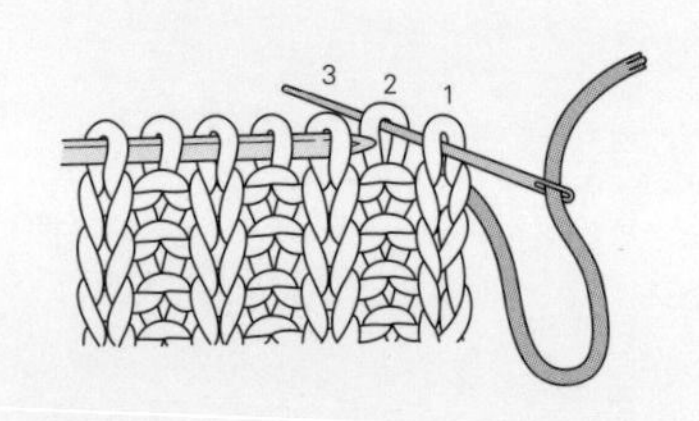

❶将缝针从前面插入一端的2个针目里。

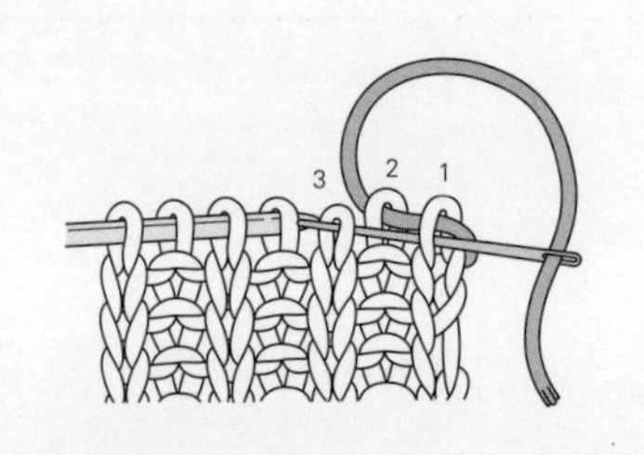

❷从针目1的前面入针，从针目3的前面出针（下针对下针）。

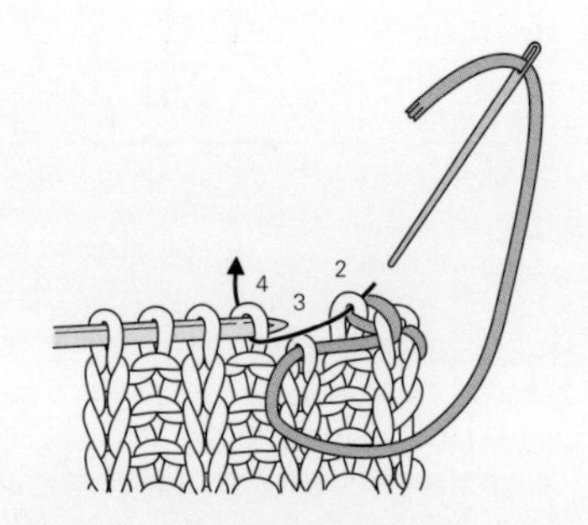

❸从针目2的后面入针，从针目4的后面出针（上针对上针）。

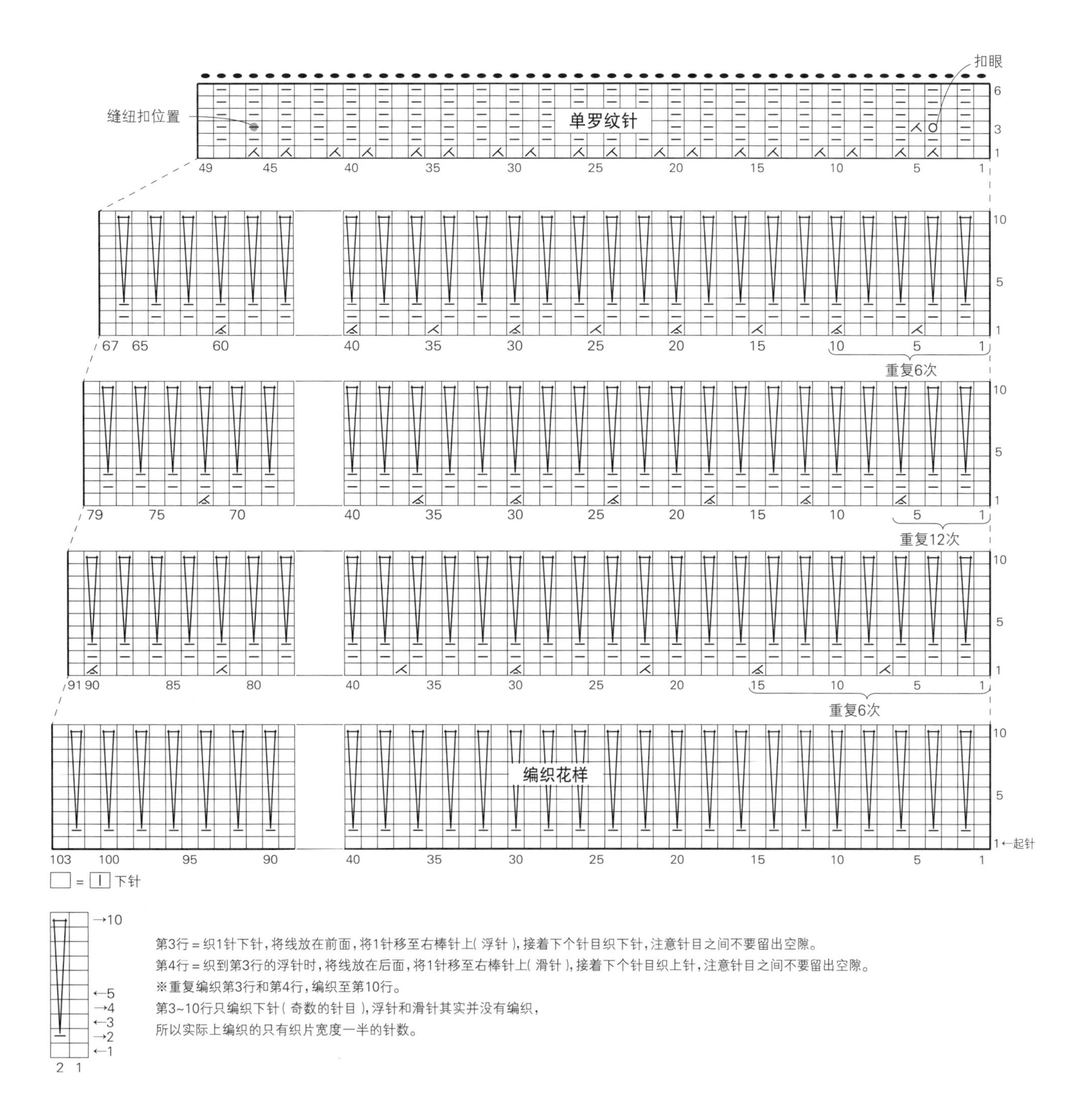

□ = |丨| 下针

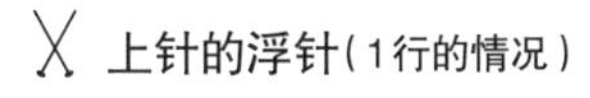

第3行＝织1针下针，将线放在前面，将1针移至右棒针上（浮针），接着下个针目织下针，注意针目之间不要留出空隙。
第4行＝织到第3行的浮针时，将线放在后面，将1针移至右棒针上（滑针），接着下个针目织上针，注意针目之间不要留出空隙。
※重复编织第3行和第4行，编织至第10行。
第3~10行只编织下针（奇数的针目），浮针和滑针其实并没有编织，
所以实际上编织的只有织片宽度一半的针数。

╳ 上针的浮针（1行的情况）

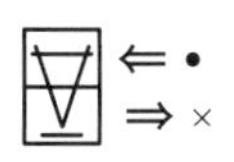

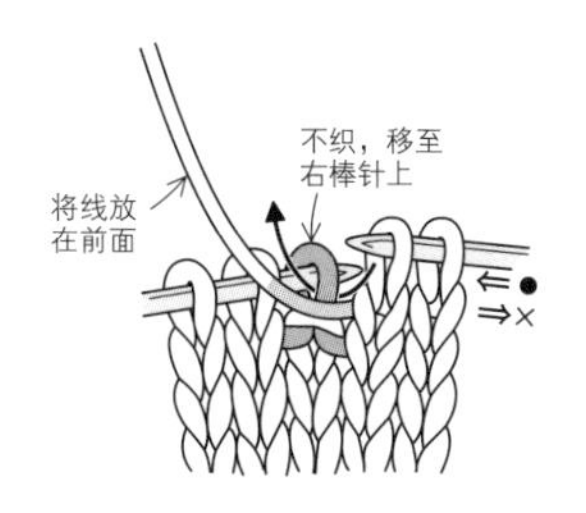

❶×行的针目是上针时，在●行将线放在前面，如箭头所示插入棒针，不织，移至右棒针上。

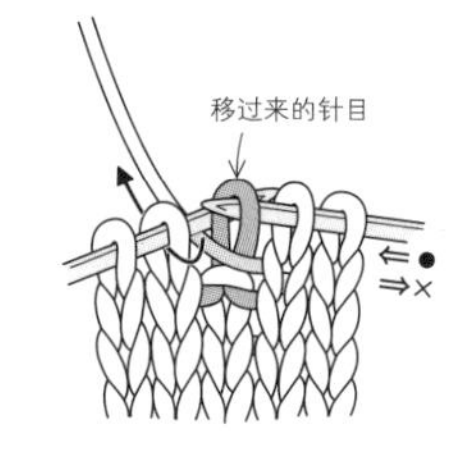

❷移过来的针目就是上针的浮针。继续编织后面的针目。

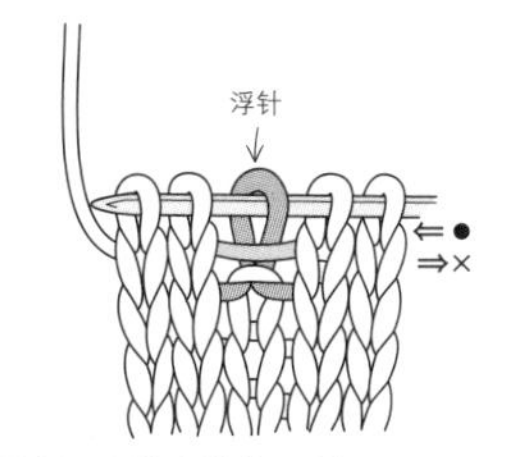

❸浮针部分的渡线位于前面。

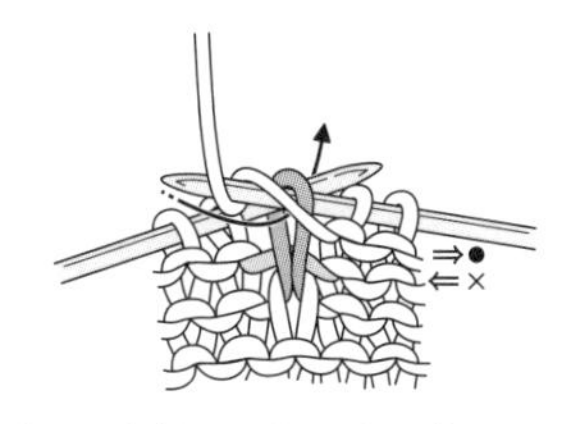

❹下一行按图示编织该浮针。

10 短针钩织的钻石花样围巾

→p.16

[材料和工具]
用线…和麻纳卡 Sonomono Alpaca Lily原白色(111)200g/5团
针…钩针7/0号

[密度]
编织花样:29针=10cm、1个花样8行=5.5cm

[尺寸]
宽33cm、长150cm

[编织要领]
锁针起针后开始编织，注意不要钩得太紧。第1行的短针，从锁针的里山挑针钩织。第2~4行在两端加针，第5行和第6行在两端减针。第8行结束时在钩针上绕5次线后钩长针(参照p.53 4卷长针的图示)。

短针 ＋

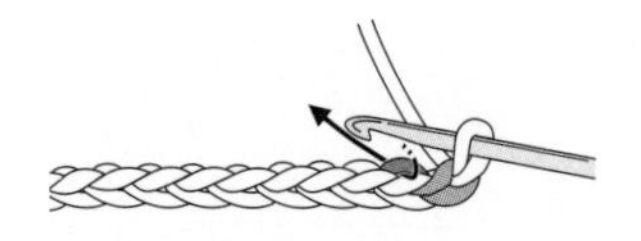

❶钩起针锁针、立织1针锁针，将钩针插入起针针目右起第1针(此处在里山挑针)。

❷挂线后拉出。

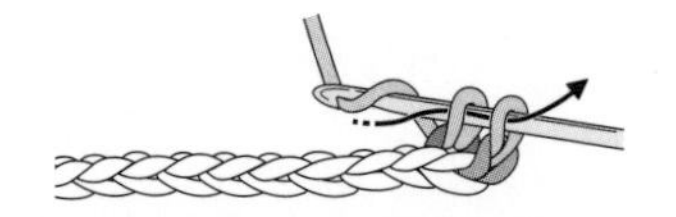

❸钩针挂线，一次引拔穿过钩针上的2个线圈。

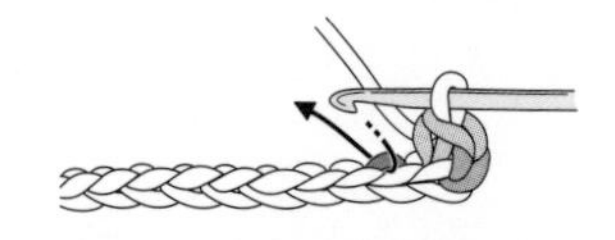

❹ 1针短针完成。接着在旁边的起针针目里挑针，重复步骤❷、❸钩短针。

1针放2针短针

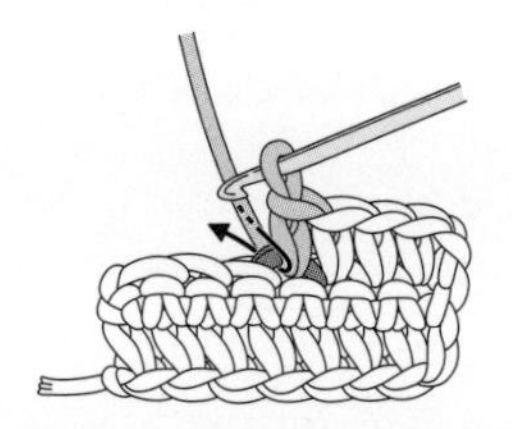

❶挑取前一行针目头部的2根线，钩1针短针，再在同一个针目里插入钩针。

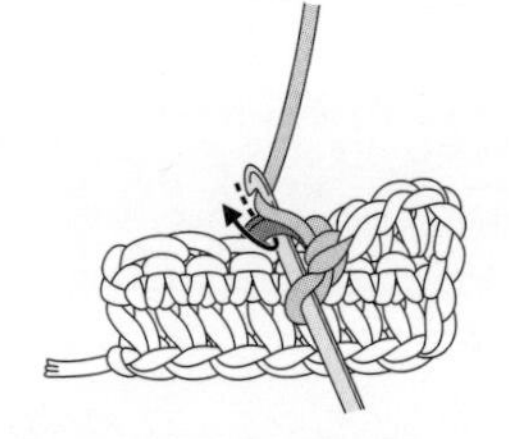

❷钩针挂线，将线拉出至1针锁针的高度。

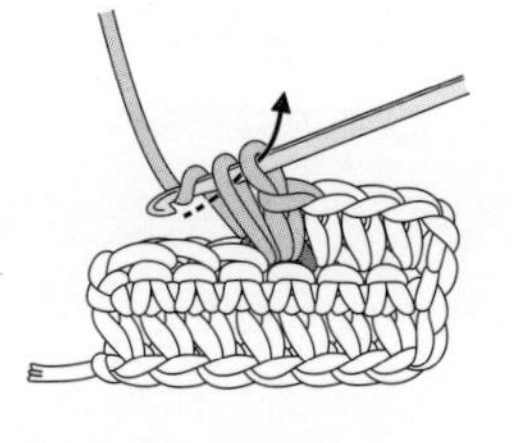

❸再钩1针短针(钩针挂线，引拔穿过钩针上的2个线圈)。

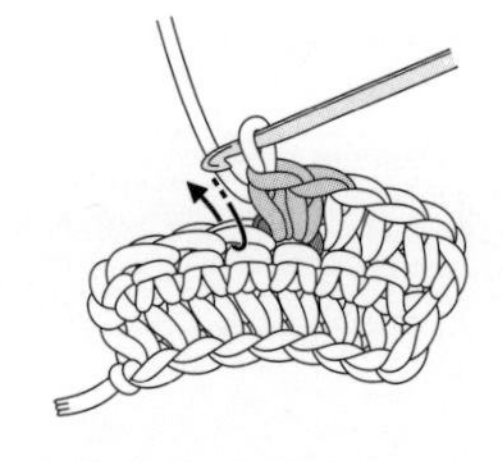

❹在同一个针目里钩入了2针短针。(加1针)继续钩织。

2针短针并1针

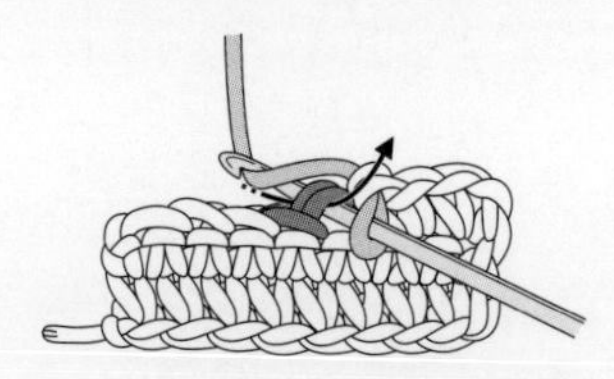

❶在前一行针目头部的2根线里插入钩针，挂线后拉出。

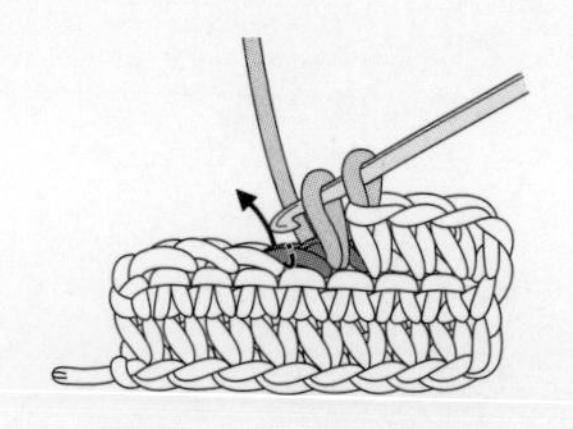

❷将线拉出至1针锁针的高度(这个状态叫作"未完成的短针")。接着在下个针目里插入钩针，将线拉出。

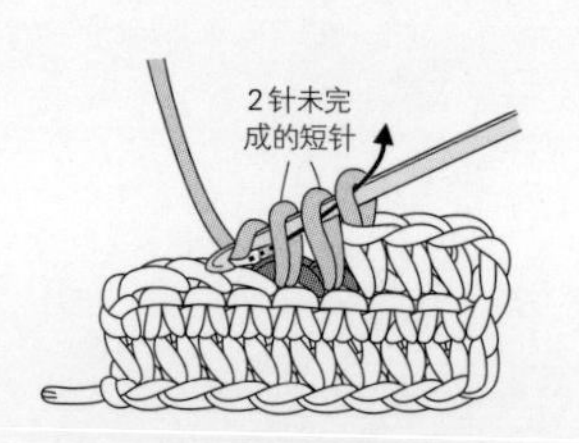

❸在2针未完成的短针的状态下，在针头挂线，一次引拔穿过钩针上的3个线圈。

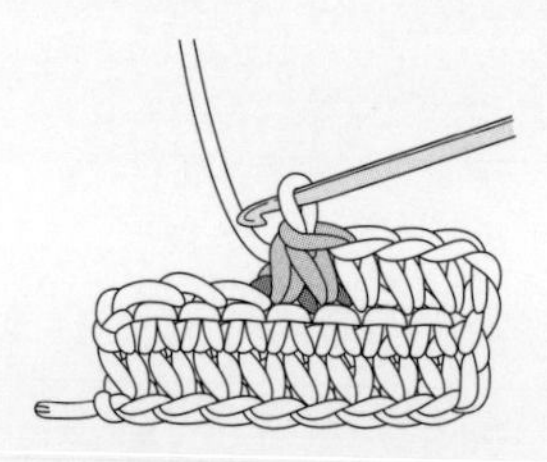

❹2针并作1针，"2针短针并1针"完成(减1针)。

4卷长针

❶钩起针锁针、立织6针锁针，在钩针上绕4次线，在起针针目右起第2针里挑针。

❷将线拉出至2针锁针的高度。

❸钩针挂线，引拔穿过钩针上的2个线圈。

❹再次钩针挂线，引拔穿过钩针上的2个线圈。再重复2次此操作。

❺这个状态叫作“未完成的4卷长针”。再次钩针挂线，引拔穿过剩下的2个线圈。

❻“4卷长针”完成。立针计作1针4卷长针，所以图中是完成2针的状态。

12 镂空花样的三角形披肩

→p.18

[材料和工具]

用线…和麻纳卡 Sonomono Tweed浅褐色（73）100g/3团

针…棒针7号

[密度]

编织花样：10cm×10cm面积内 18针、29行

[尺寸]

长110cm、最宽处45.5cm

[编织要领]

❶手指挂线起针后开始编织。按编织花样横向编织。每两行加1针，先挑起针目之间的横线织扭加针，然后通过花样的挂针加针。重复编织160行。

❷每两行减1针，先在左起第3针织左上2针并1针，然后在花样里织右上2针并1针，如此重复8次。编织完320行后做伏针收针。

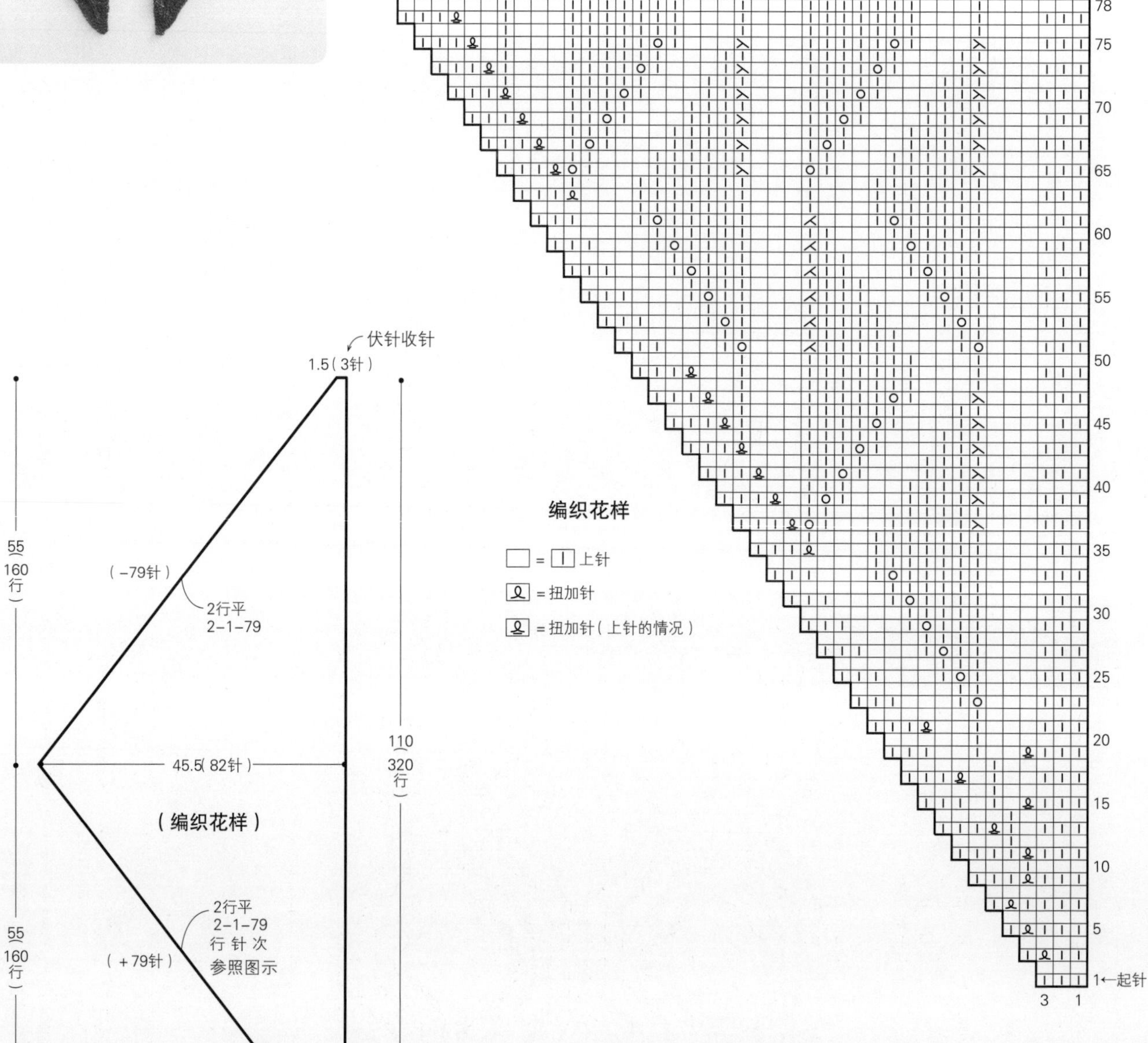

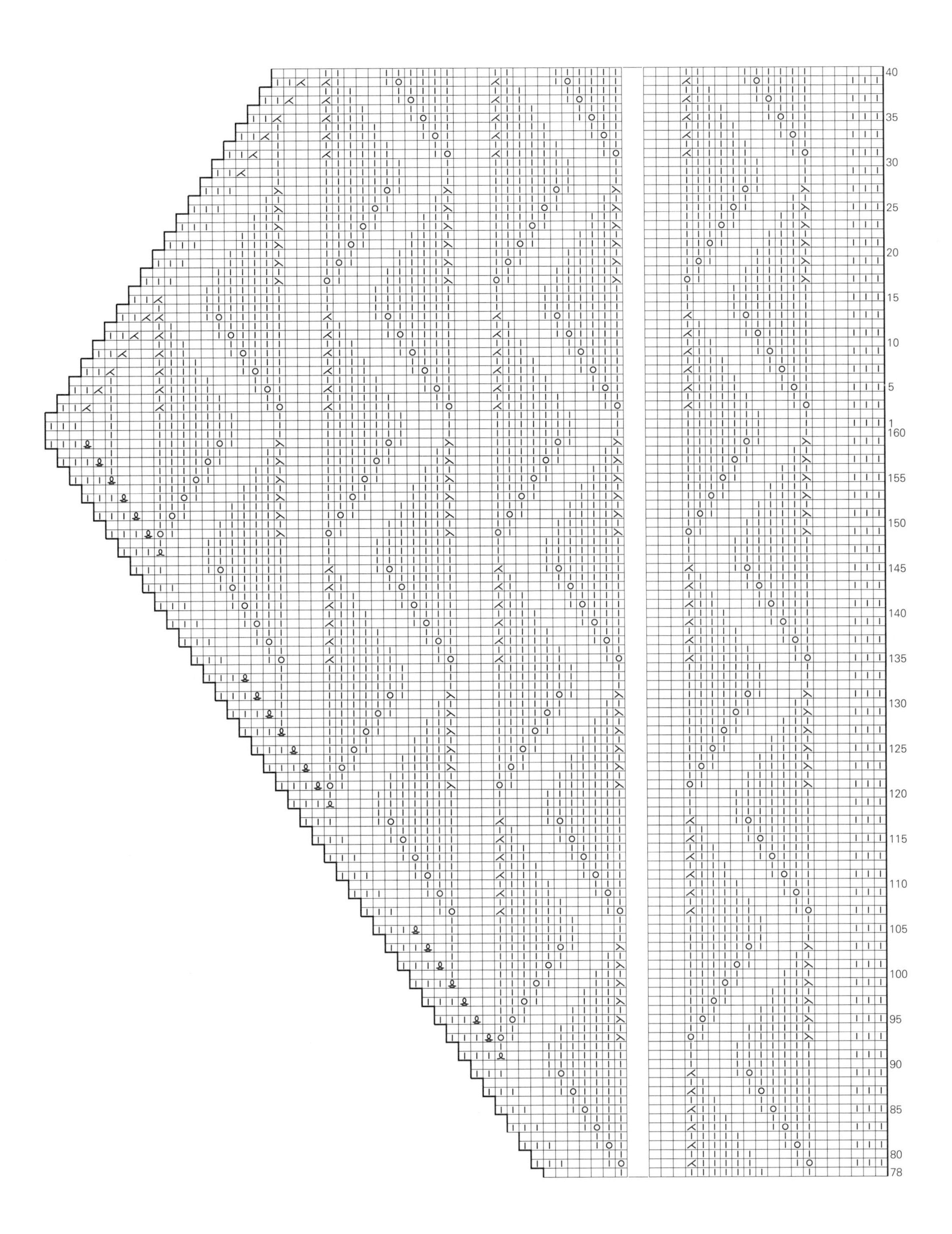
40
35
30
25
20
15
10
5
1
160
155
150
145
140
135
130
125
120
115
110
105
100
95
90
85
80
78

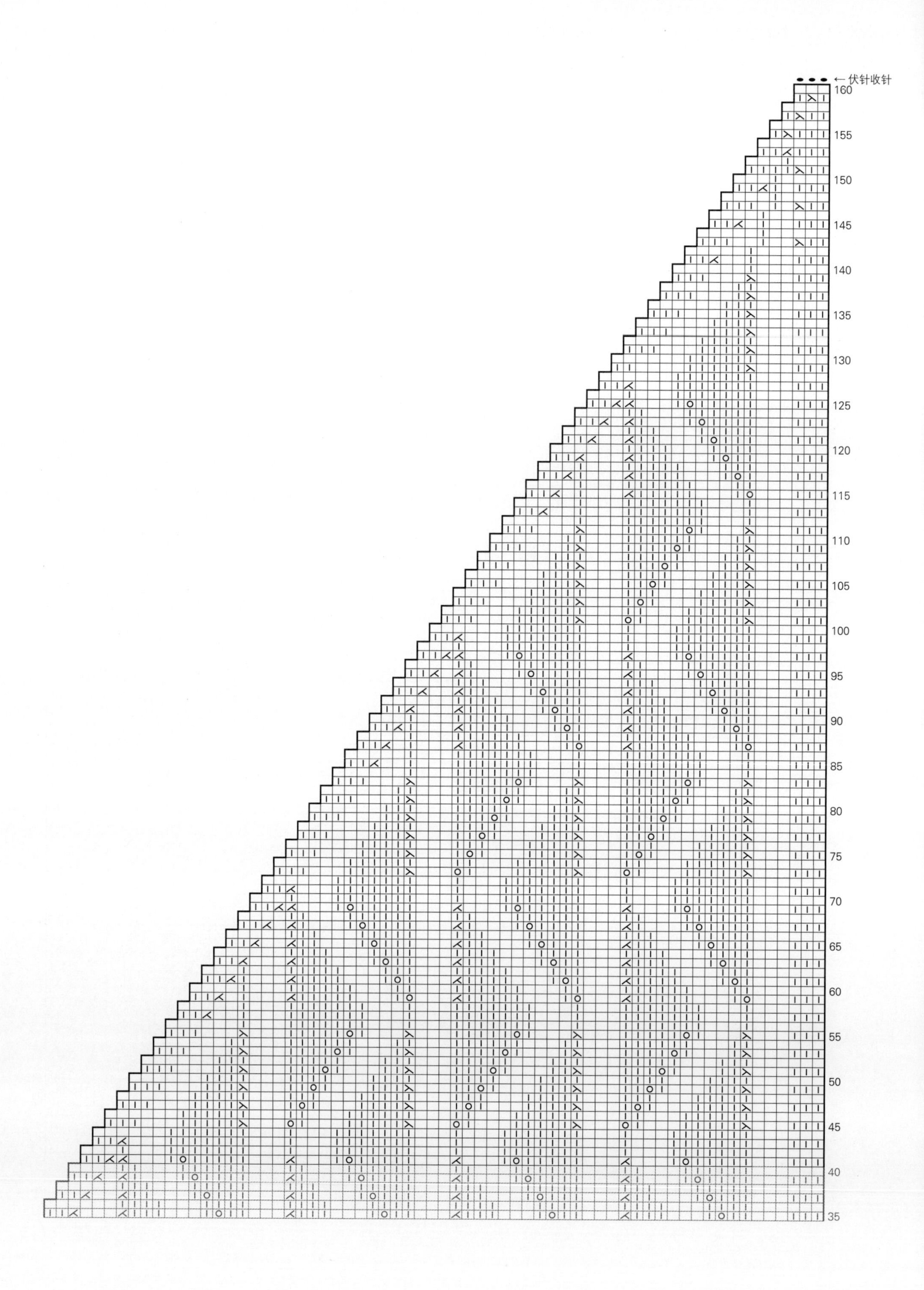
← 伏针收针
160
155
150
145
140
135
130
125
120
115
110
105
100
95
90
85
80
75
70
65
60
55
50
45
40
35

11 三股辫交叉花样的围脖

→p.17

[材料和工具]
用线…和麻纳卡 Sonomono Alpaca Wool（极粗）深灰色（45）120g、浅灰色（44）100g/各3团
针…棒针10号

[密度]
编织花样（1个花样）：15针≈6cm、48行≈19.3cm

[尺寸]
领围115cm、宽18cm

[编织要领]
❶开始编织前，准备约25g/团的线团（深灰色5团、浅灰色4团）。
❷另线锁针起针，用每个线团的线分别挑5针开始编织。第2行纵向渡线编织。第3~4行每5针分开来编织。第5行如图所示编织左上5针交叉。第7行同种颜色部分，也是用每个线团的线每5针纵向渡线编织。
❸最后一行休针备用。
❹一边拆开起针时的另线锁针，一边将针目移至棒针上。
❺与编织结束行的针目对齐，分别用各色线做引拔缝合，连接成环形。

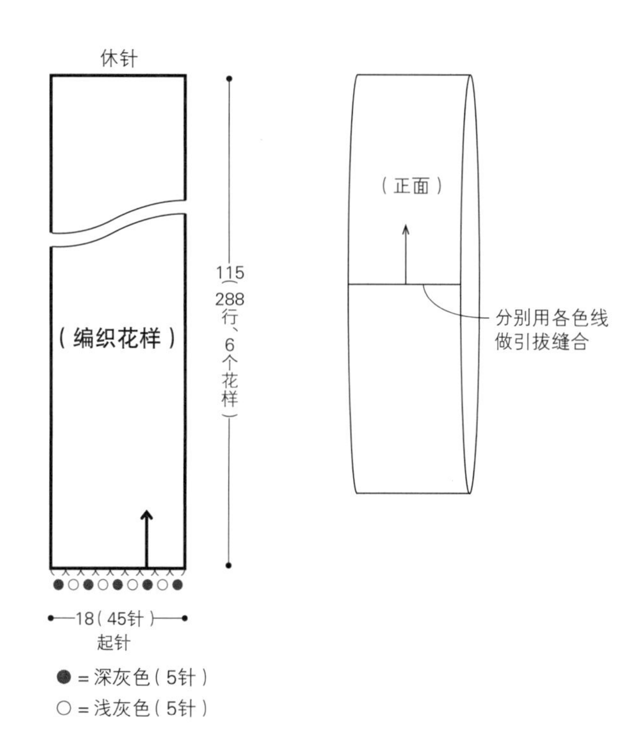

编织花样的编织方法

起针

❶分好5个深灰色线团和4个浅灰色线团，交错排列。准备另线锁针起针。

起针(第1行)

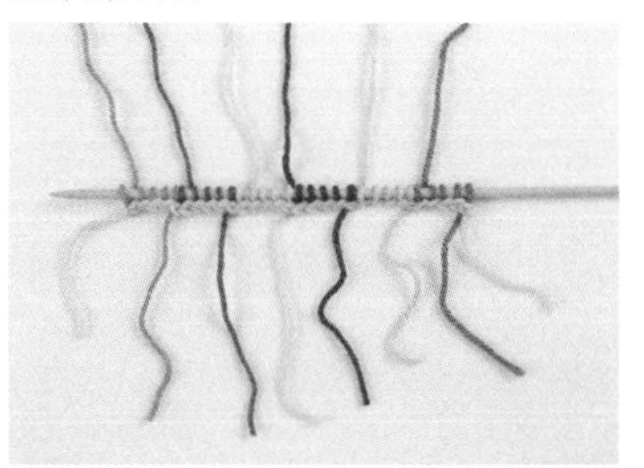

❷起针行（第1行），每5针分别用不同线团的线挑针进行起针。注意不要让线缠绕在一起。

第2行

❸翻转织片，编织第2行。图中为织了5针的状态。

编织花样的编织方法

第2行 纵向渡线

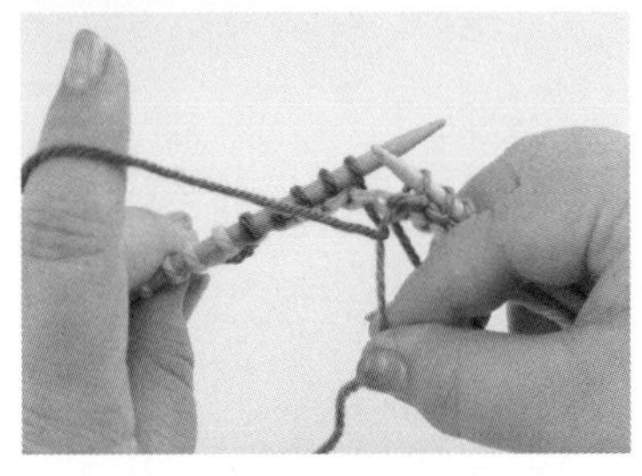

❹将编至第5针的线放在接下来要编织的线的上面，交叉后织第6针。每5针重复此操作（纵向渡线）。

第3行

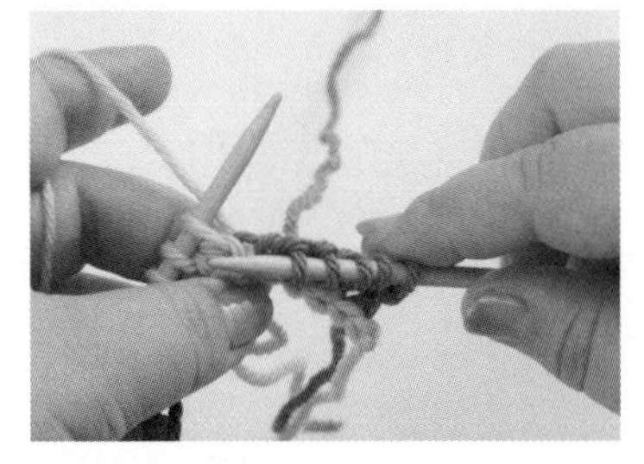

❺织完5针后将线放下暂停编织，用下个线团的线继续编织（无须交叉）。

第4行

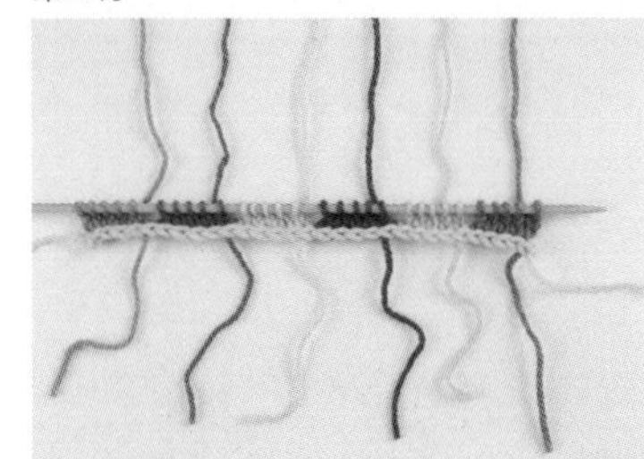

❻按第3行相同要领进行编织，无须交叉。

第5行 左上5针交叉

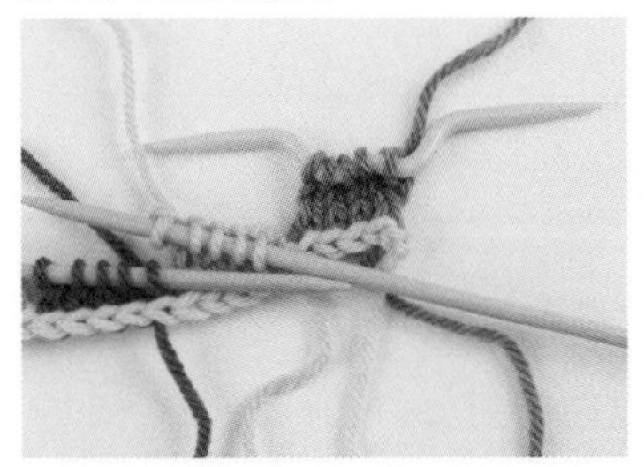

❼将5针移至麻花针上，放在后面休针备用。用浅灰色线编织后面的5针。

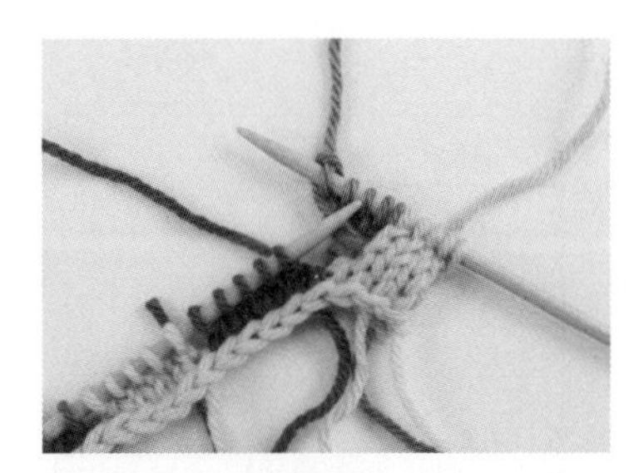

❽用深灰色线编织刚才移至麻花针上的5针。左上5针交叉完成。

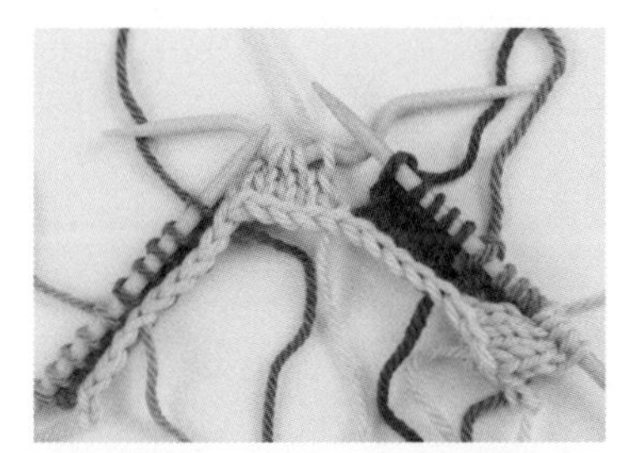

❾用深灰色线编织后面的5针。将接下来的5针移至麻花针上，按步骤❼、❽相同要领进行编织。

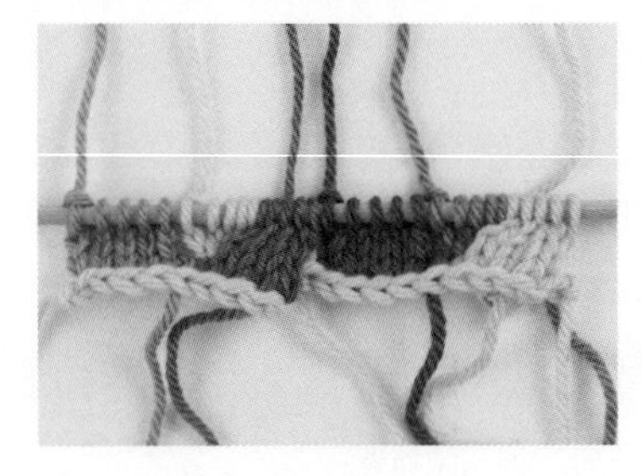

❿第5行完成。※此处减少了针数（2个花样）。接下来，按图示继续编织。

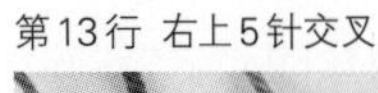

第13行 右上5针交叉

⓫将5针移至麻花针上，放在前面休针备用。

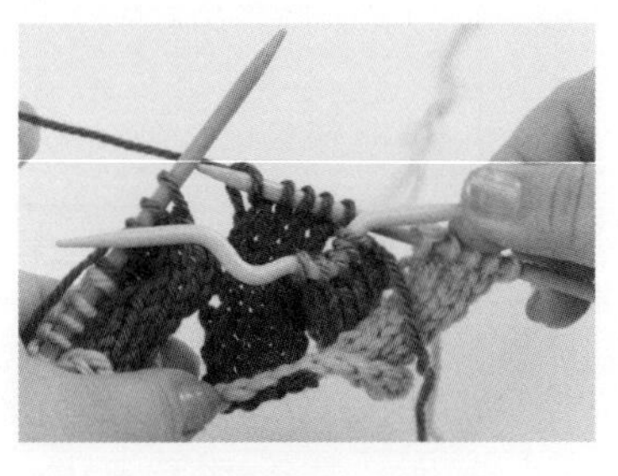

⓬用深灰色线编织后面的5针，再用浅灰色线编织刚才移至麻花针上的5针。

⓭右上5针交叉完成。后面的15针按步骤⓫、⓬相同要领进行编织。

⓮第13行完成。

⓯接下来，按图示继续编织。※此处减少了针数。

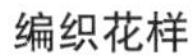

编织花样

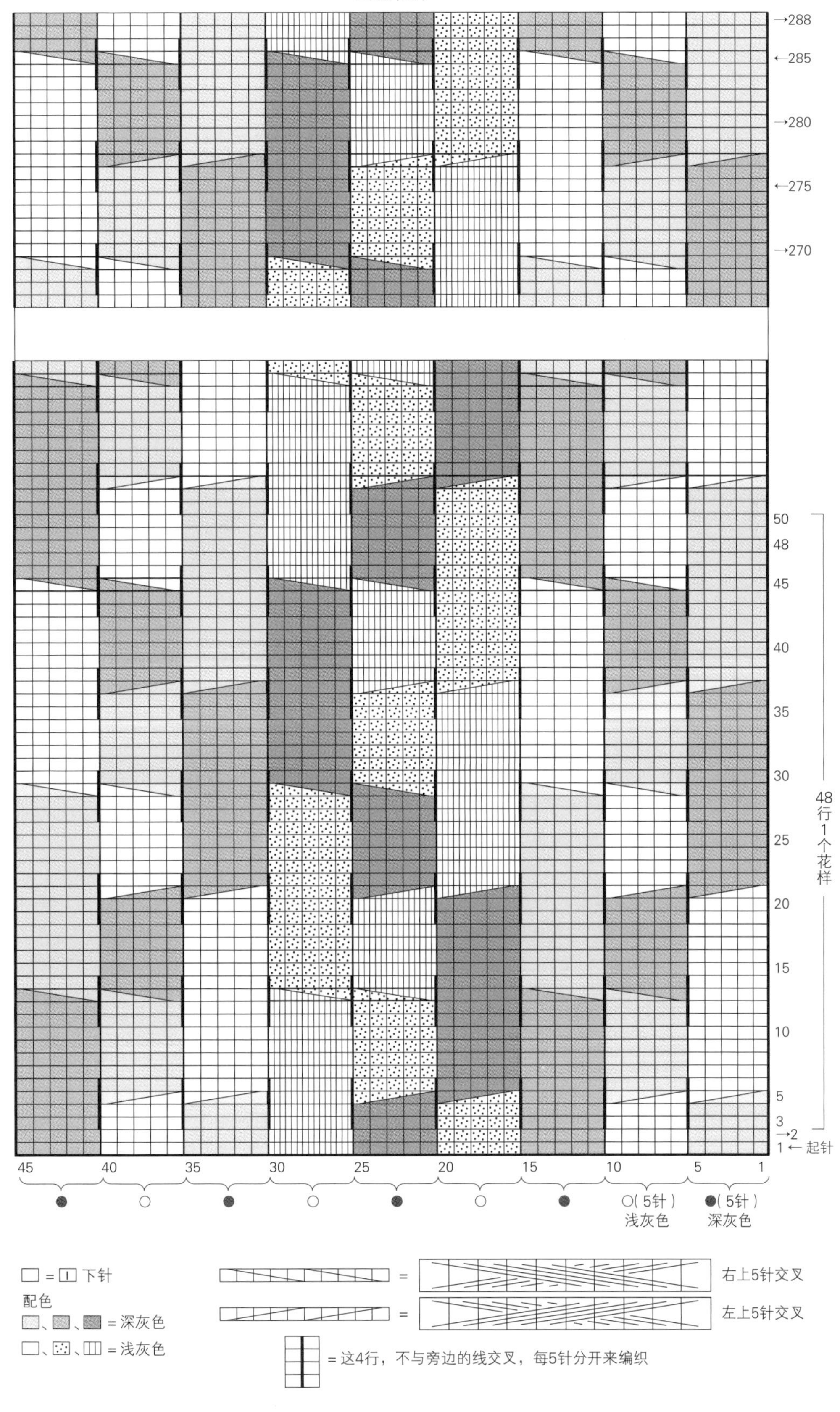

→288
←285
→280
←275
→270
50
48
45
40
35
30
25
20
15
10
5
3
→2
1 ← 起针
48行1个花样
45 40 35 30 25 20 15 10 5 1
○（5针）浅灰色
●（5针）深灰色
□ = □| 下针
配色
□、□、■ = 深灰色
□、⁙、▥ = 浅灰色
右上5针交叉
左上5针交叉
= 这4行，不与旁边的线交叉，每5针分开来编织

13 镂空花样的围脖

→p.19

[材料和工具]
用线…和麻纳卡 Sonomono Alpaca Lily（粗）灰色（114）110g/3团
针…棒针10号

[密度]
编织花样：10cm×10cm面积内 23针、28行

[尺寸]
周长90cm、宽24cm

[编织要领]
❶另线锁针起针后开始编织。按编织花样直编254行。编织结束时休针备用。
❷一边拆开起针时的另线锁针，一边将针目移至棒针上。与编织结束行的针目正面朝内对齐后做引拔接合，连接成环形。

从另线锁针上挑针

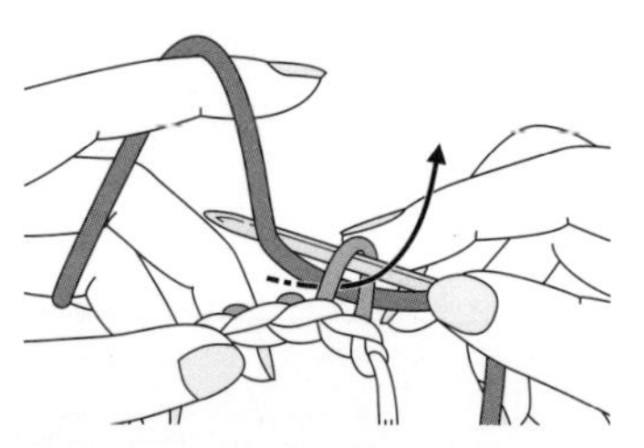

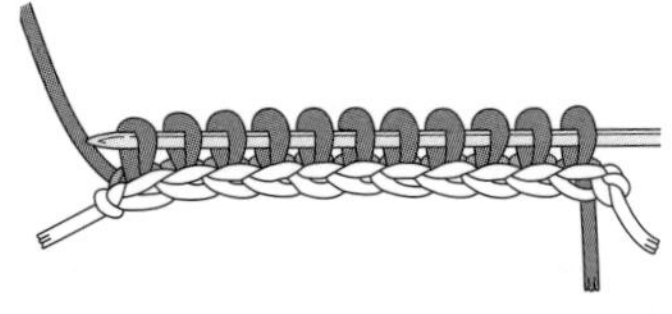

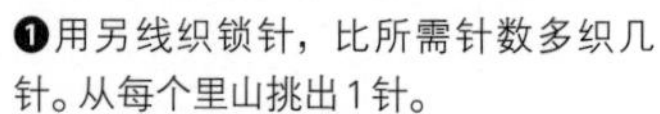

❶用另线织锁针，比所需针数多织几针。从每个里山挑出1针。

❷挑取所需针数。

从另线锁针起针的针目上挑针

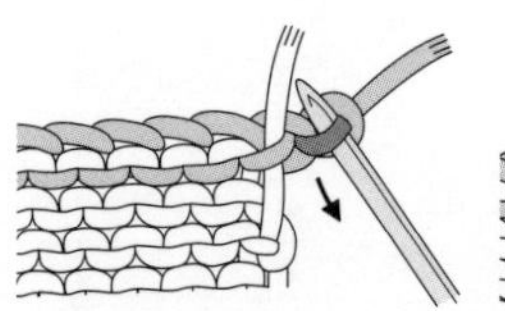

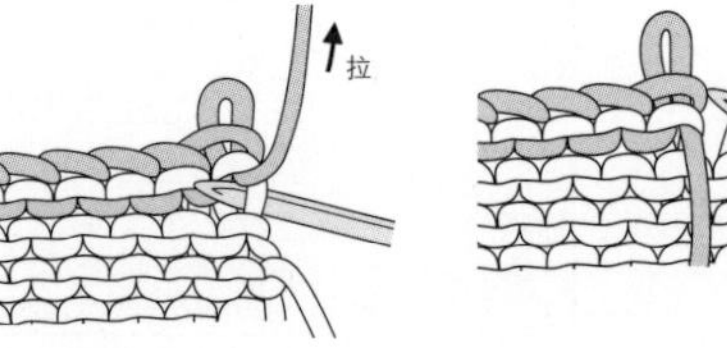

❶看着织片的反面，将棒针插入另线锁针的里山，将线头挑出。

❷将棒针从后面插入边端针目，拆开另线锁针。

❸拆开1针后的状态。

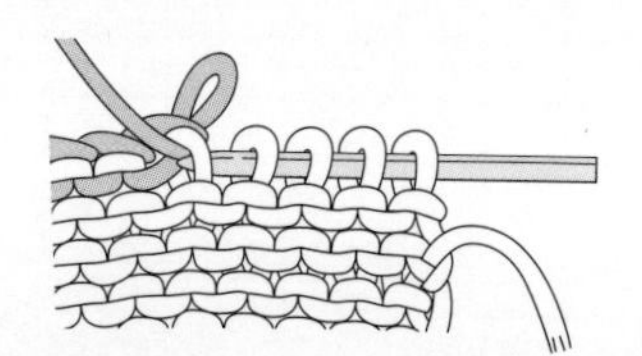

❹一边拆开另线锁针，一边将针目穿至棒针上。

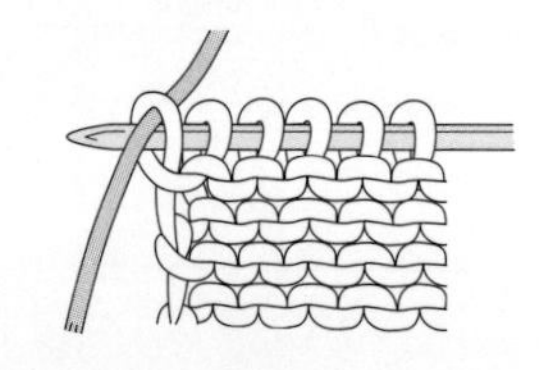

❺最后1针扭转线圈后穿入棒针，抽出另线锁针的线。

引拔接合

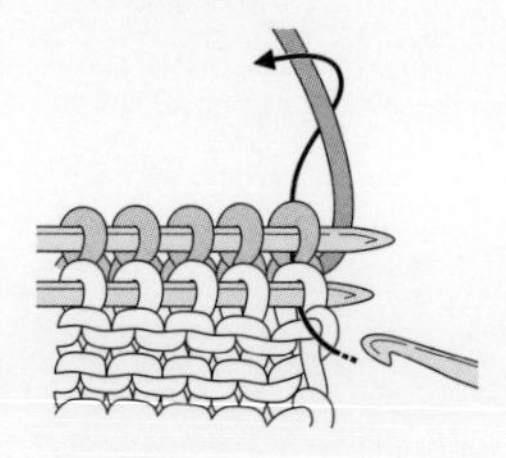

❶将2个织片正面朝内对齐，用左手拿好。将钩针插入前面和后面的针目里。

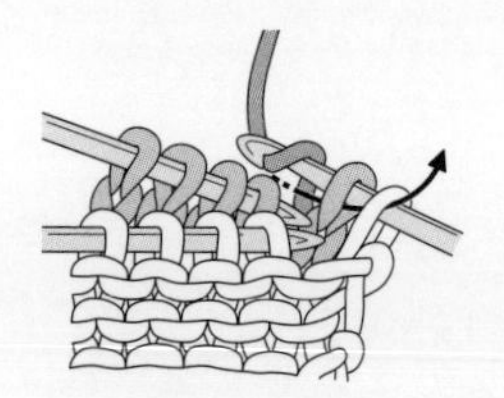

❷钩针挂线，在2个针目里一次性引拔出。

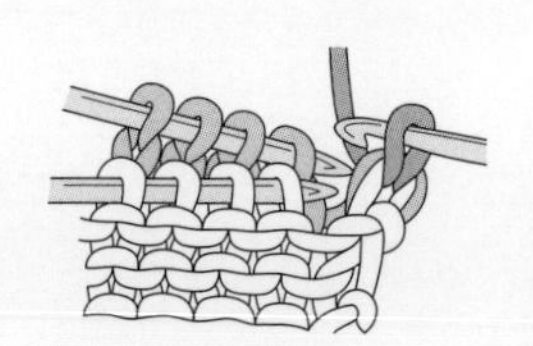

❸引拔后的状态。

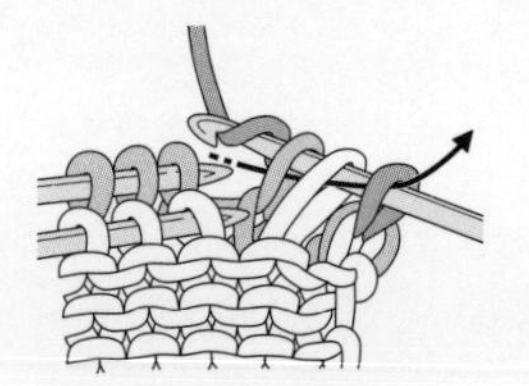

❹下一针也是将钩针插入前面和后面的针目里，挂线，引拔穿过钩针上的3个针目。

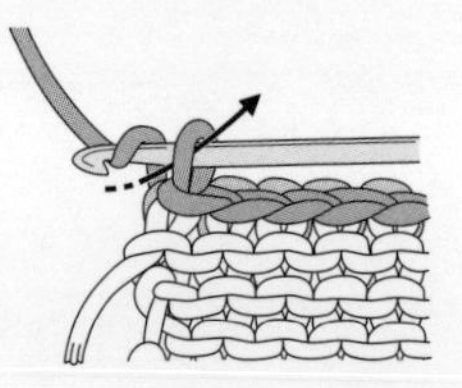

❺重复步骤❹。在最后1针里将线拉出。

编织花样

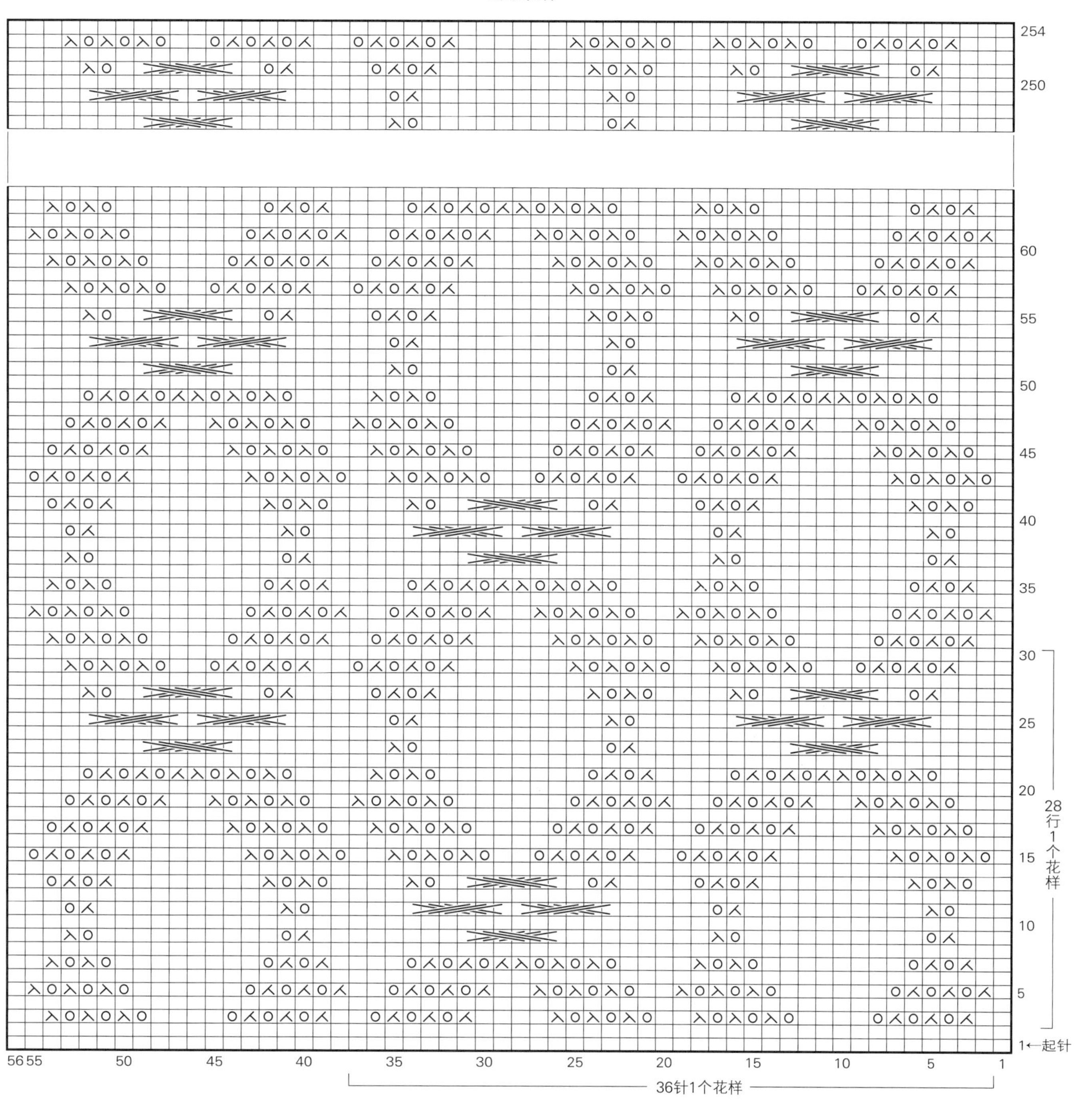

□ = | 下针

= 左上3针交叉

= 右上3针交叉

编织方法参照p.45

14 下针和上针编织的围巾

→p.20

[材料和工具]

用线…和麻纳卡 Aran Tweed绿色(15) 92g/3团

针…棒针10号

[密度]

编织花样：10cm×10cm面积内 16.5针、32行

[尺寸]

宽13cm、长约140cm

[编织要领]

❶手指挂线起针后开始编织。参照图示，一边在两端织挂针和扭针进行加针，一边编织95行。接下来，先织10针伏针(套收)，然后织10针，再从指定行挑取10针，编织32行。这样的32行作为1个花样，重复8次。

❷参照图示，一边在两端减针一边编织，编织结束时，做上针的伏针收针。

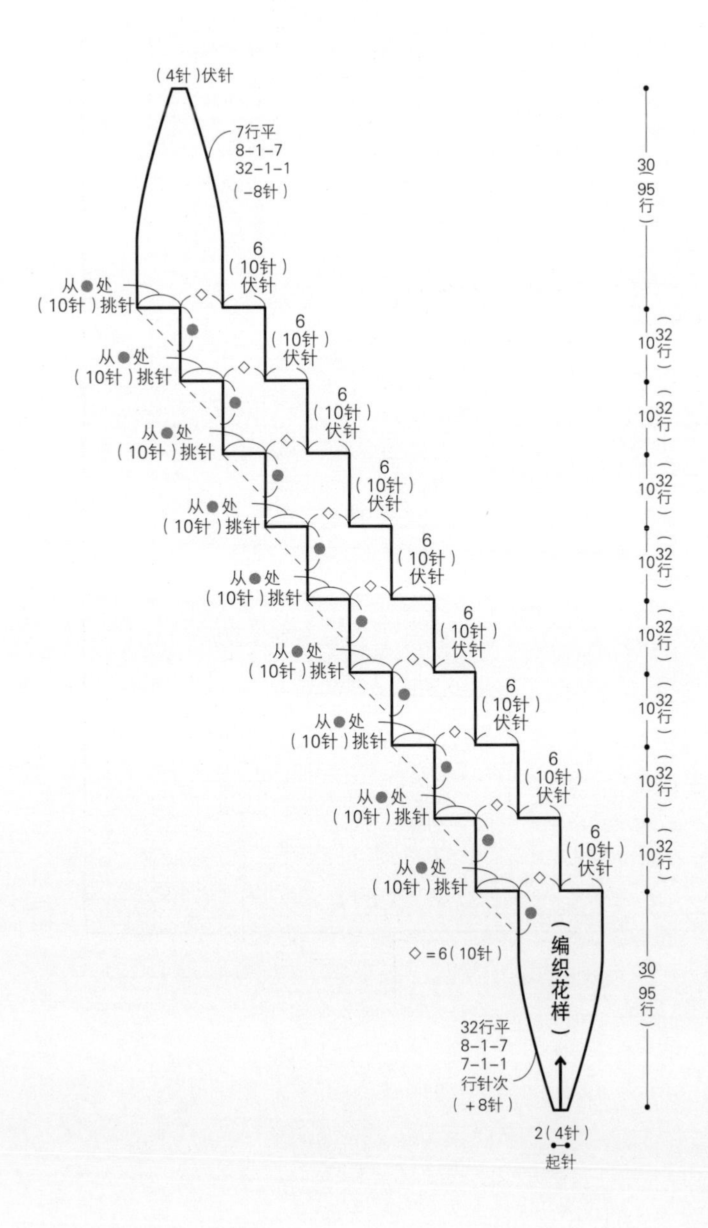

从行上挑针

●上针编织的情况

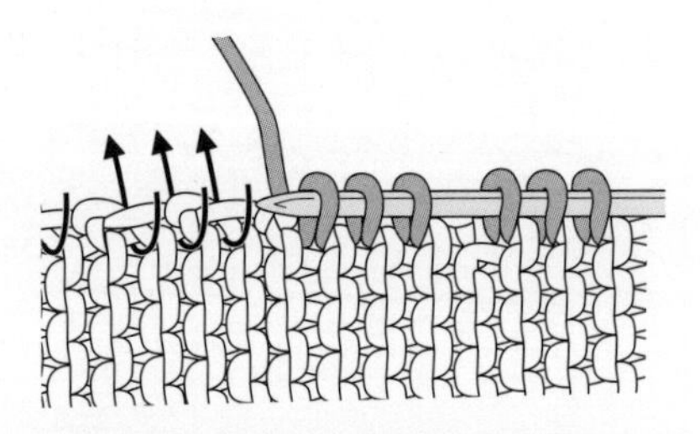

在边端1针内侧的空隙里插入棒针，挂线后拉出针目。

※参照p.63的编织图，进行跳行挑针。

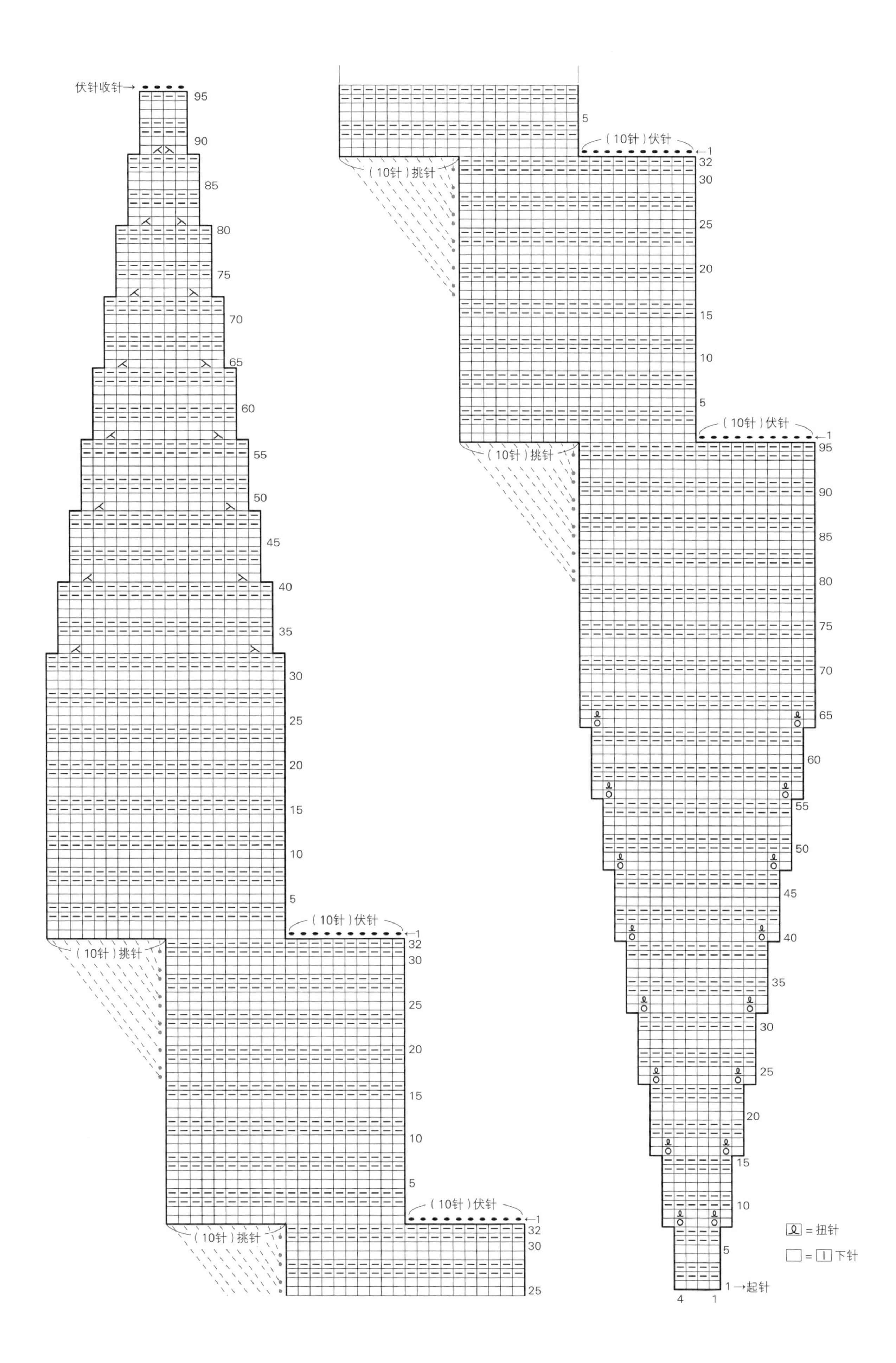

伏针收针→
95
90
85
80
75
70
65
60
55
50
45
40
35
30
25
20
15
10
5
（10针）伏针
1
32
30
25
20
15
10
5
（10针）挑针
（10针）伏针
1
32
30
25
（10针）挑针
5
（10针）伏针
1
32
30
25
20
15
10
5
（10针）挑针
（10针）伏针
1
95
90
85
80
75
70
65
60
55
50
45
40
35
30
25
20
15
10
5
1 →起针
4
1
= 扭针
= 下针

15 长针和短针钩织的长围巾

→p.21

[材料和工具]

用线…和麻纳卡Emma黄色(5) 110g/4团

针…钩针8/0号

[密度]

编织花样：10cm×10cm面积内 15针、8行

[尺寸]

宽9cm、长180cm

[编织要领]

❶锁针起针后开始编织。第1行在锁针的里山挑针钩织。第2行开头跳过1针，在第1行长针和长针之间的空隙里插入钩针钩长针，行末在前一行的同一个针目里钩入2针长针。钩完148行后断线。

❷将织片正面朝外卷成筒状，将记号对齐，错开6行做挑针缝合。

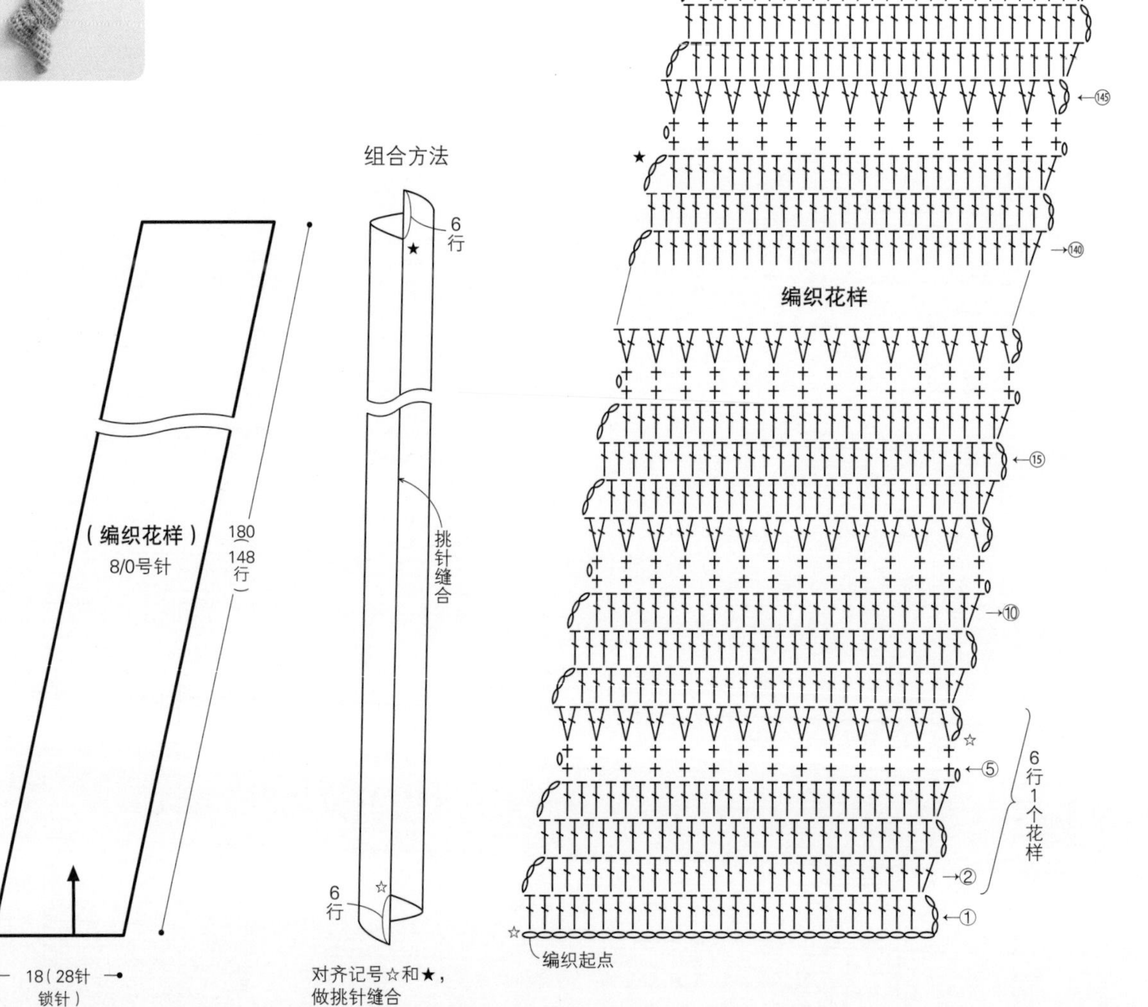

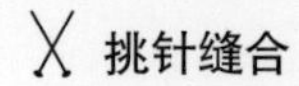
挑针缝合

*实际操作时，每缝1针都要将线拉一下，直至看不见缝线。

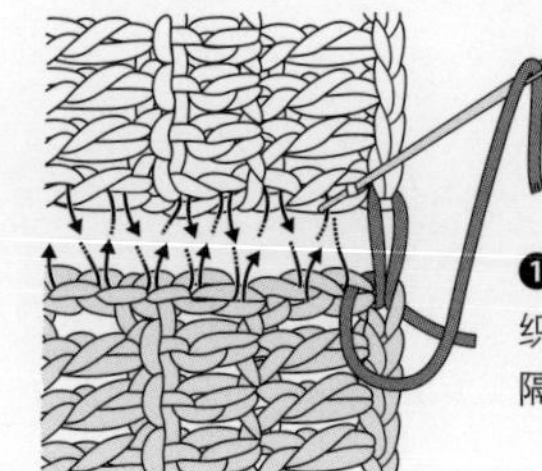

❶看着正面对齐2个织片，将边端针目分隔开插入缝针。

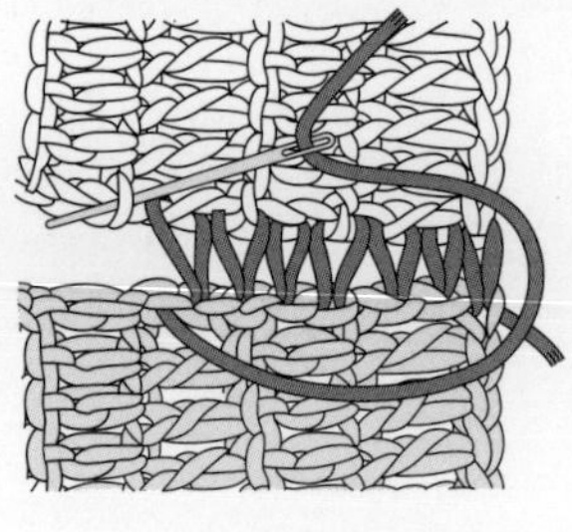

❷每次交替挑取2根线进行缝合。

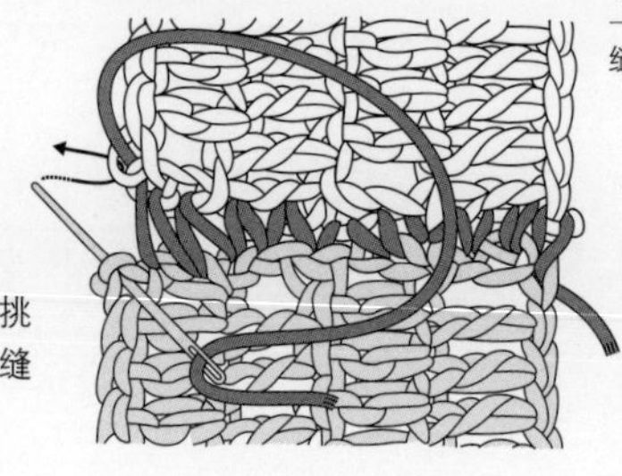

❸最后，如箭头所示插入缝针。

16 钩针编织的装饰领

→p.22

[材料和工具]
用线…和麻纳卡 Sonomono Alpaca Wool（极粗）
原白色（41）、花灰色（49）各75g/各2团
针…钩针8/0号

[密度]
编织花样（1个花样）：16针=10.5cm、4行=6cm

[尺寸]
领围52cm、宽约12.5cm

[编织要领]
❶锁针起针后开始编织。第1行的短针是在锁针的里山挑针钩织。第2行的短针和长针是整段挑起前一行的锁针钩织。钩织12行，再钩1行边缘编织a，断线。
❷接线，钩1行边缘编织b。
❸在2处指定位置钩织绳子。

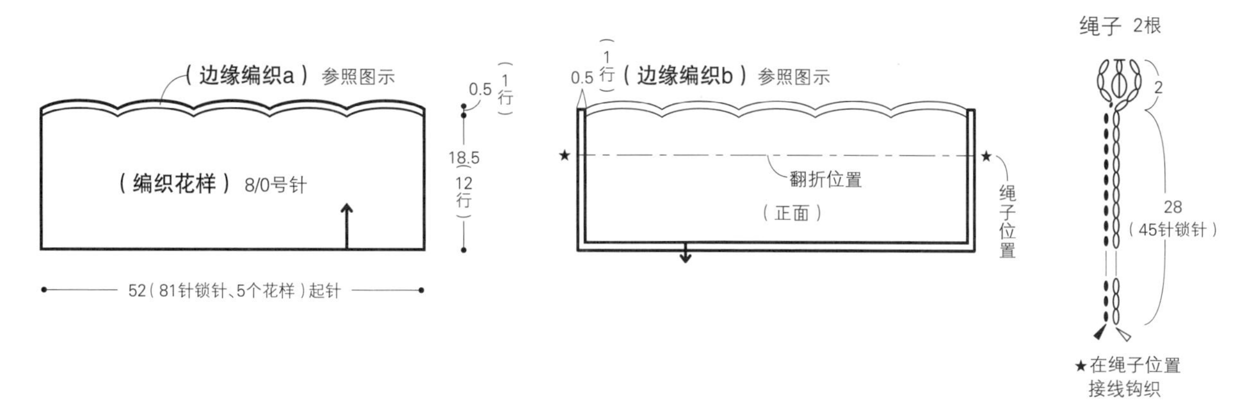

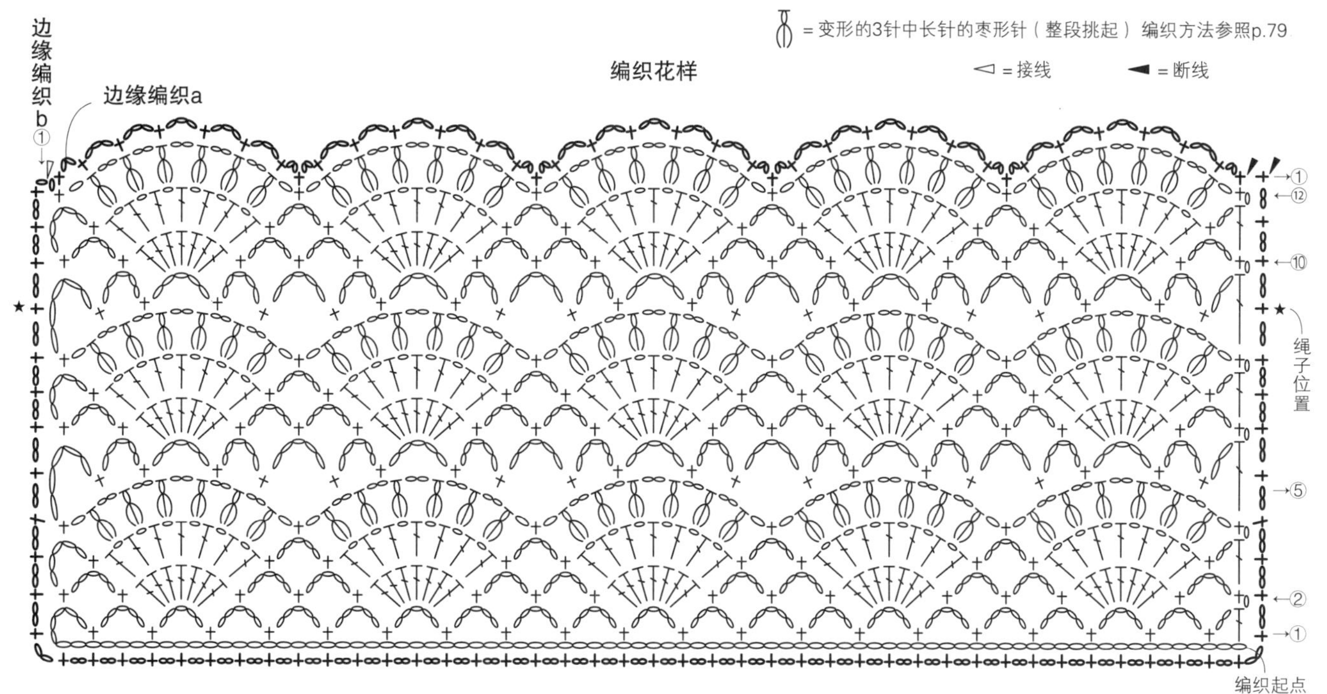

17 波浪边百搭围巾

→p.24

[材料和工具]
用线…和麻纳卡 Exceed Wool FL桃红色(214) 135g/4团
针…钩针4/0号

[密度]
方眼针：10cm×10cm面积内 30针、10行
边缘编织(1个花样)：7行=7cm

[尺寸]
宽14cm、长105cm

[编织要领]
❶锁针起针，从方眼针开始编织。一边加针一边钩7行，然后无须加、减针钩77行，再一边减针一边钩7行。不要将线剪断，暂时保留。
❷翻转织片，钩织边缘。第1行的短针是将方眼针的端针针目分隔开进行挑针钩织。2针长针的枣形针是整段挑起前一行的锁针钩织。

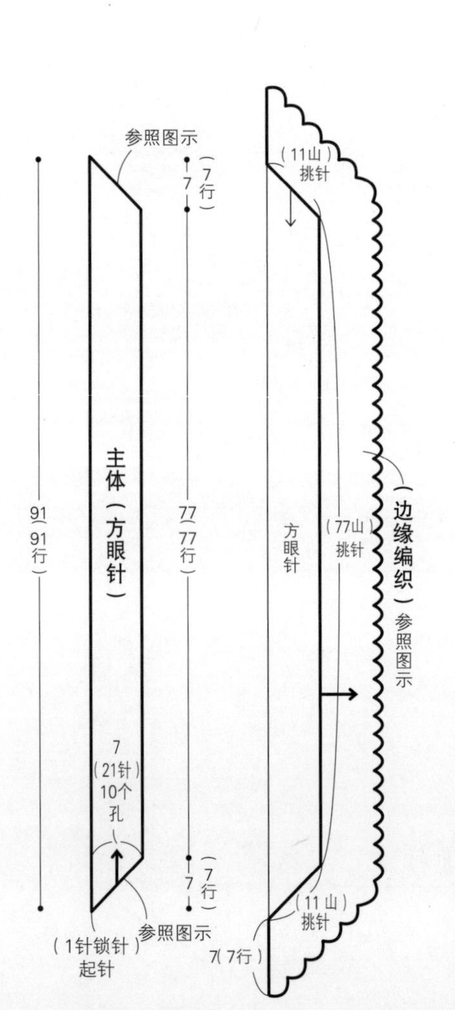

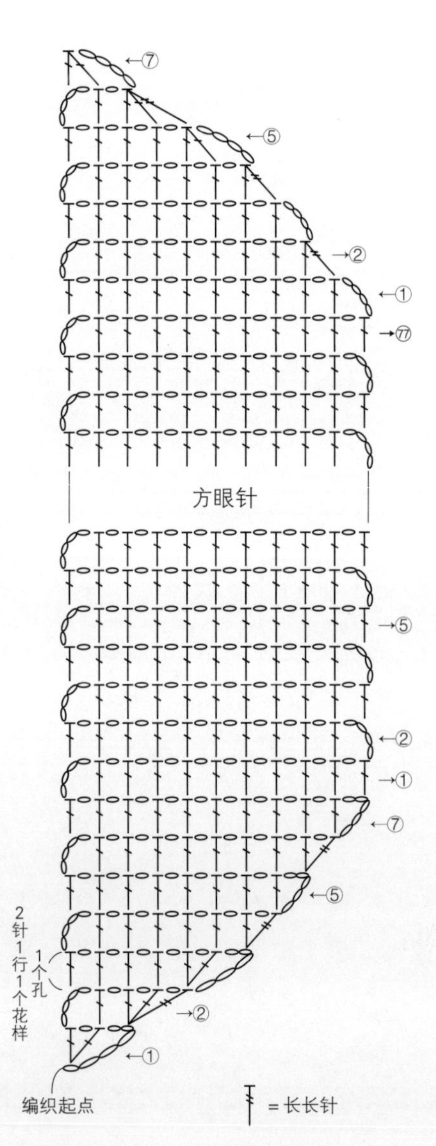

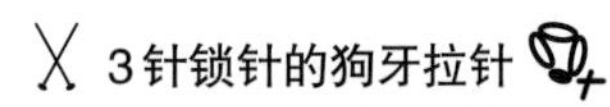

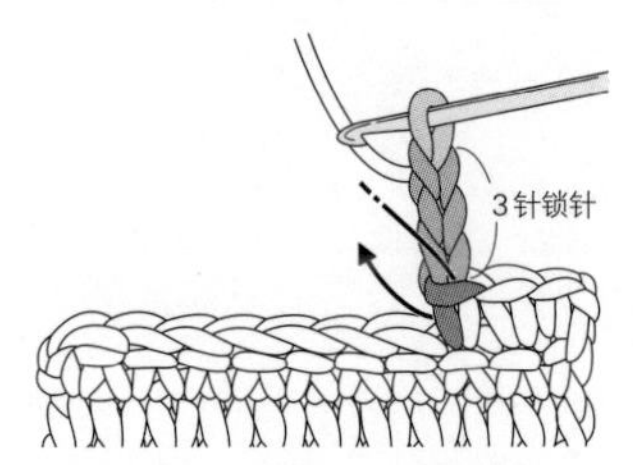

❶钩完短针后接着钩3针锁针，在短针头部的前面半针和根部的1根线里挑针。

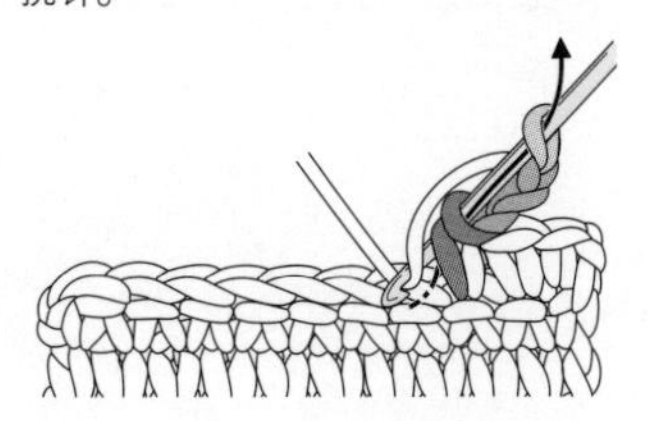

❷在针头挂线，如箭头所示引拔。

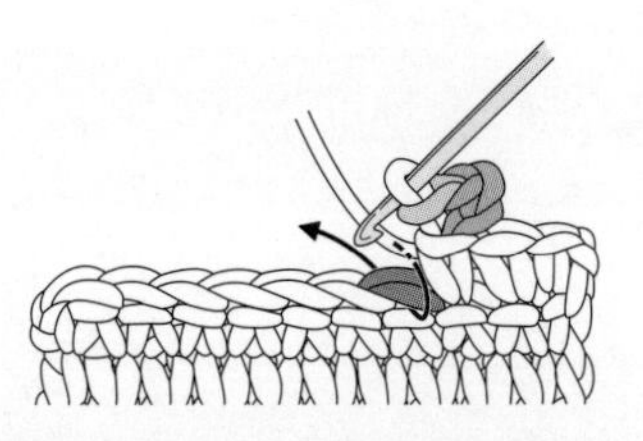

❸"3针锁针的狗牙拉针"完成。继续钩织。

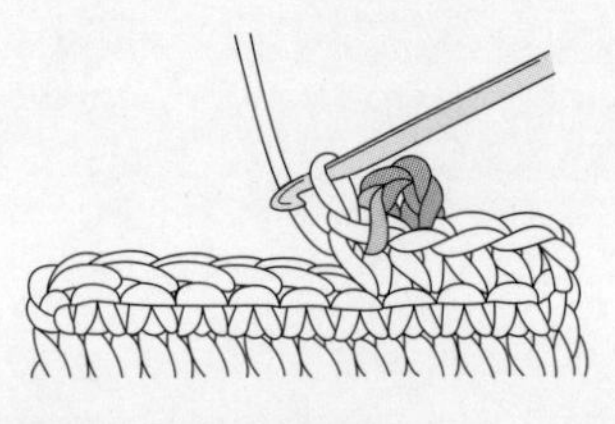

❹下一针短针完成的样子。

边缘编织

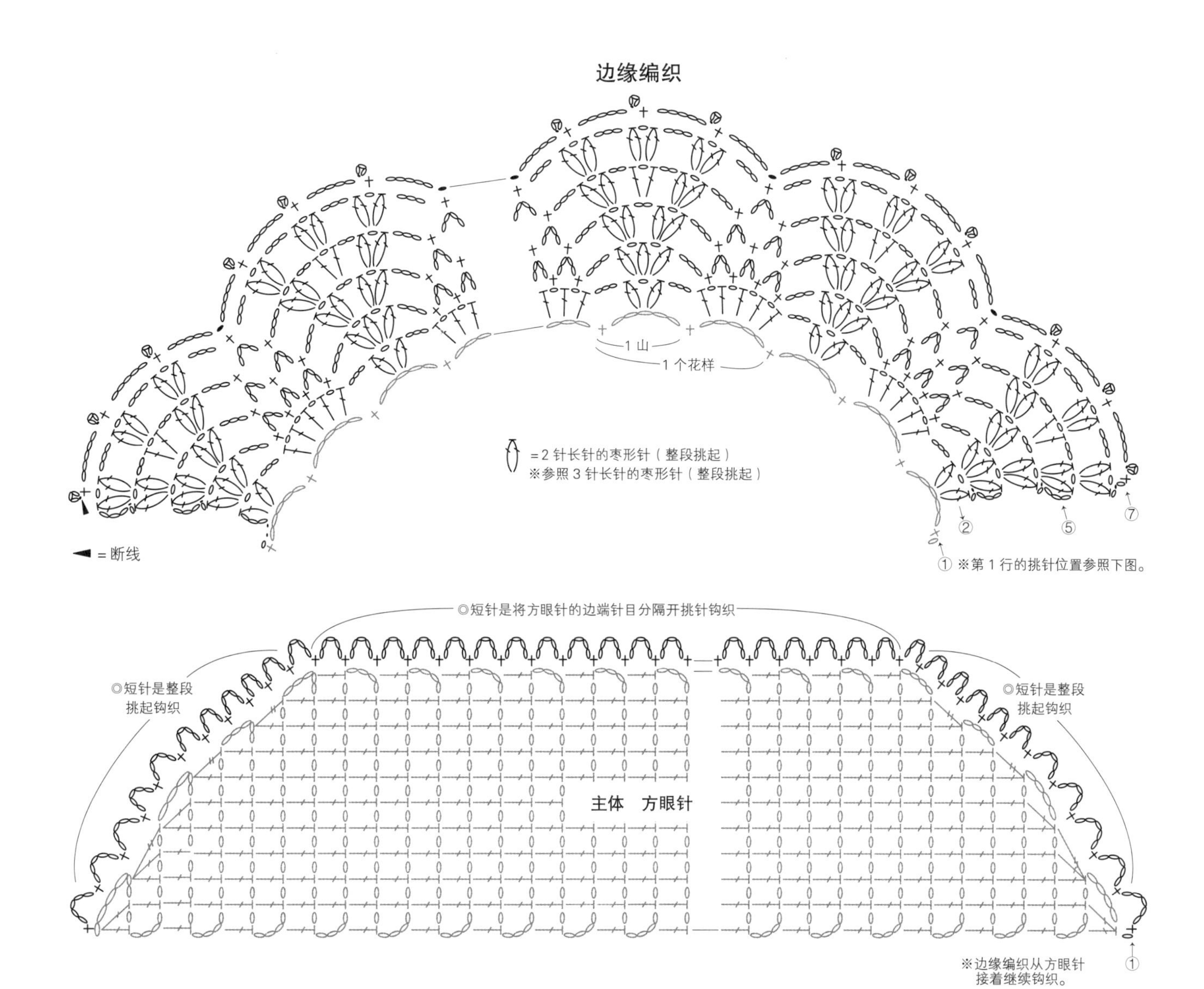

3 针长针的枣形针（整段挑起）

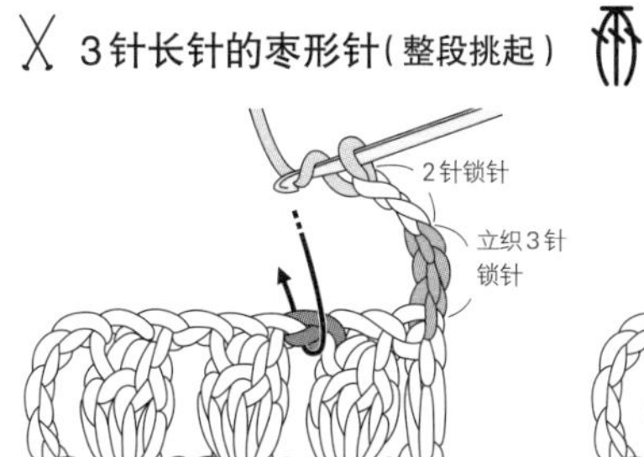

❶在钩针上挂线，在前一行锁针下方的空隙里插入钩针（整段挑起）。

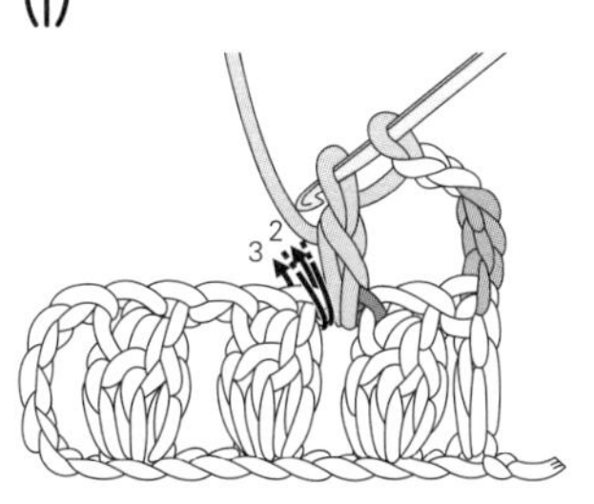

❷挂线后拉出，钩未完成的长针。按相同要领再钩 2 针未完成的长针。

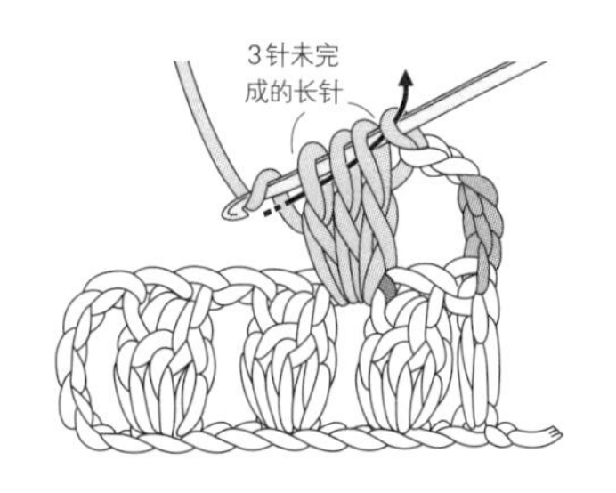

❸3 针未完成的长针钩完后，在针头挂线，一次引拔穿过钩针上的 4 个线圈。

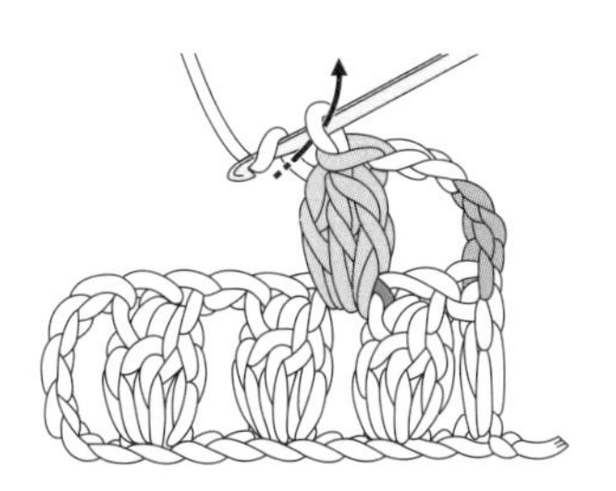

❹"3 针长针的枣形针"（整段挑起）完成。继续钩织。

18 长针钩织的条纹花样围巾

→p.26

［材料和工具］
用线…和麻纳卡 Sonomono Alpaca Wool（中粗）灰色（62）105g/3团、Sonomono Hairy浅灰色（124）40g/2团
针…钩针7/0号

［密度］
条纹花样（1个花样）：14针=7.5cm、4行=4cm

［尺寸］
宽22cm、长170cm

［编织要领］
❶用Sonomono Alpaca Wool线钩锁针起针（注意不要钩得太紧），开始编织。立织3针锁针，在锁针的里山挑针钩1行长针，结束时断线。
❷用Sonomono Hairy线钩22针锁针起针，重复"在第1行长针的反面挑针钩6针短针，再钩8针锁针"，最后钩6针短针和22针锁针。接着，立织3针锁针，在锁针的里山挑针钩长针，织片中间部分从锁针挑针的长针则是在锁针的半针和里山2根线里挑针钩织。
❸用Sonomono Alpaca Wool线按图示钩织。
❹重复步骤❷、❸，一边换线一边继续钩织。
❺处理线头。

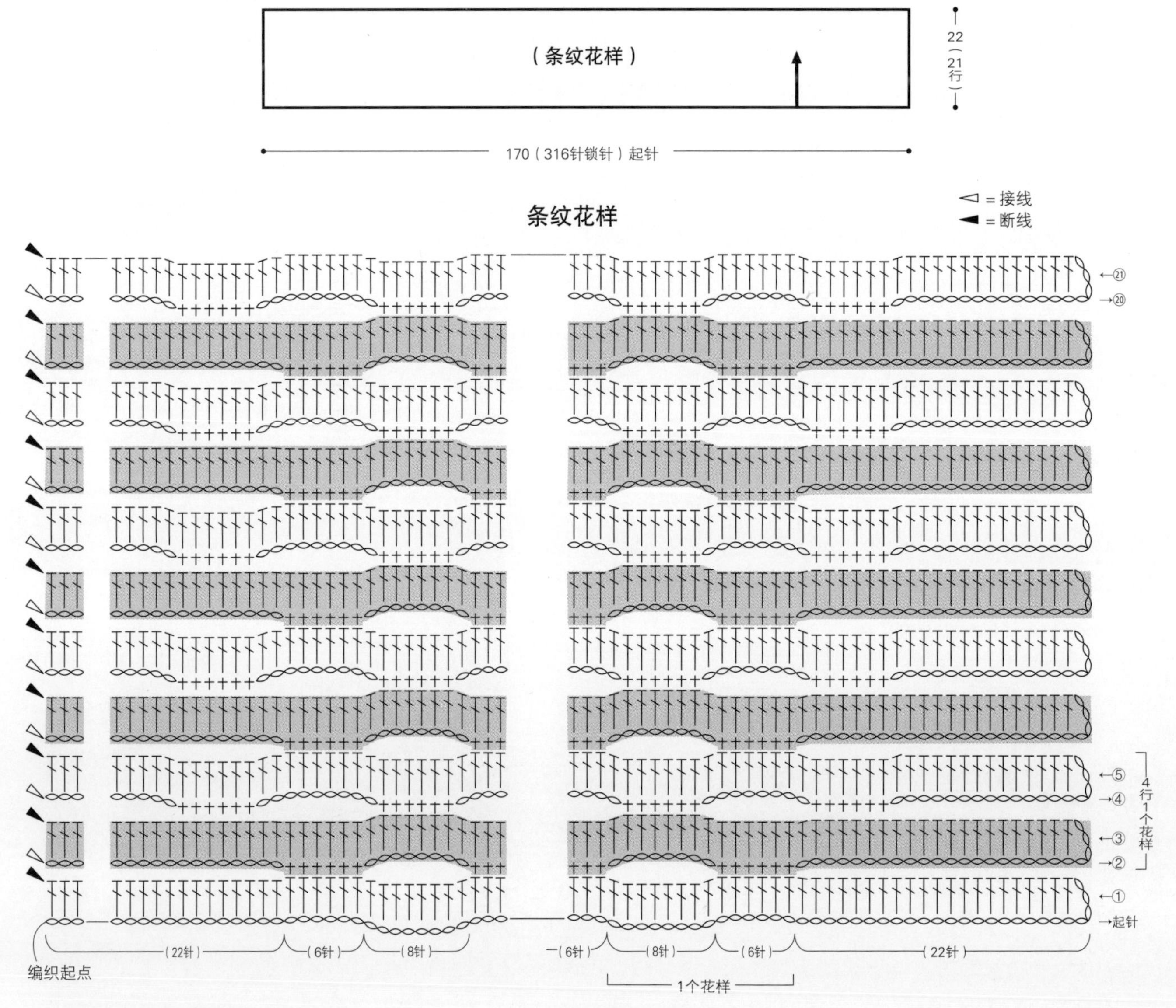

※除指定外均为Sonomono Alpaca Wool
= Sonomono Hairy

→p.29

[材料和工具]

用线…和麻纳卡 Conté 红色（4）99g/1团

针…环形针10mm（60cm）

[密度]

编织花样：10cm×10cm面积内 8.3针、10.5行

[尺寸]

参照图示

[编织要领]

手指挂线起针后开始编织。按编织花样环形编织至20行。编织结束时做上针的伏针收针。

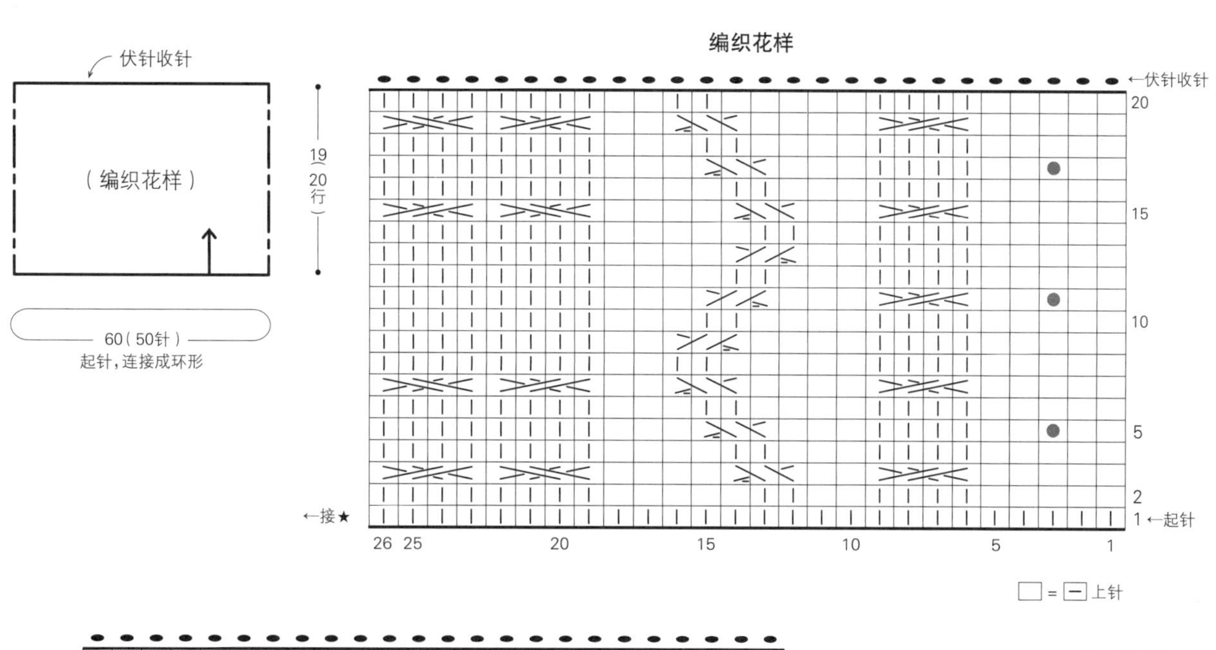

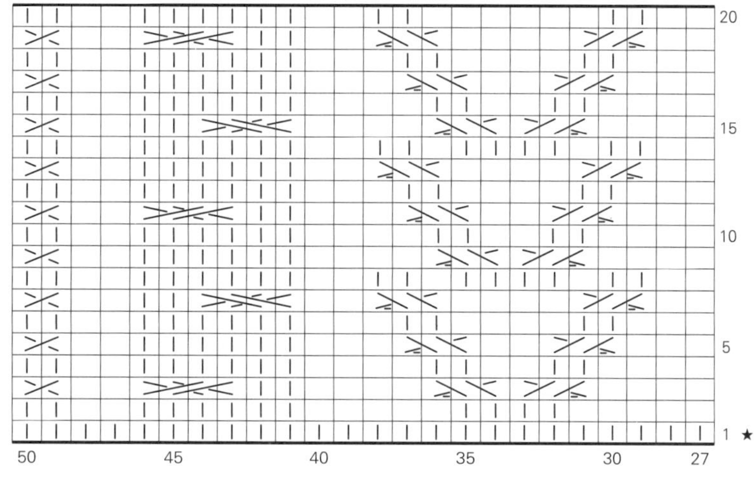

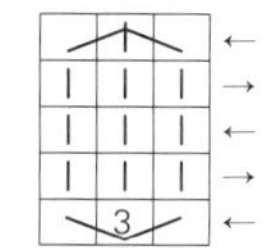

● = 3针、5行的枣形针 = 编织方法参照p.42的“5针、5行的枣形针”

= 左上2针交叉

= 右上2针交叉

编织方法参照p.45的“左上3针交叉和右上3针交叉”

= 右上2针和1针的交叉（下方为上针）

= 左上2针和1针的交叉（下方为上针）

编织方法参照p.44

20 格子花样的三角形披肩

→p.30

[材料和工具]

用线…和麻纳卡 Sonomono Tweed浅褐色(73) 140g/4团

Exceed Wool L红色(310) 43g/2团，绿色(320) 35g、原白色(302) 35g、驼色(333) 24g、藏青色(325) 21g/各1团

针…棒针6号、钩针7/0号

[密度]

条纹花样：10cm×10cm面积内 17针、33行

[尺寸]

最长处152cm、最宽处78.5cm(含流苏)

[编织要领]

❶手指挂线起针后开始编织。
❷从第3行开始，在左右两端内侧第3针织挂针。
❸第4行在第3行的挂针里织扭针。
❹第5~8行按指定配色一边加针一边编织。
❺从第9行开始，参照图示编入挂针和上针。
❻织5行边缘编织，编织结束时从反面做伏针收针。
❼用钩针每2行钩引拔针做平针绣。注意不要钩得太紧，织片要保持平整。
❽制作3个流苏，缝在3个指定位置。

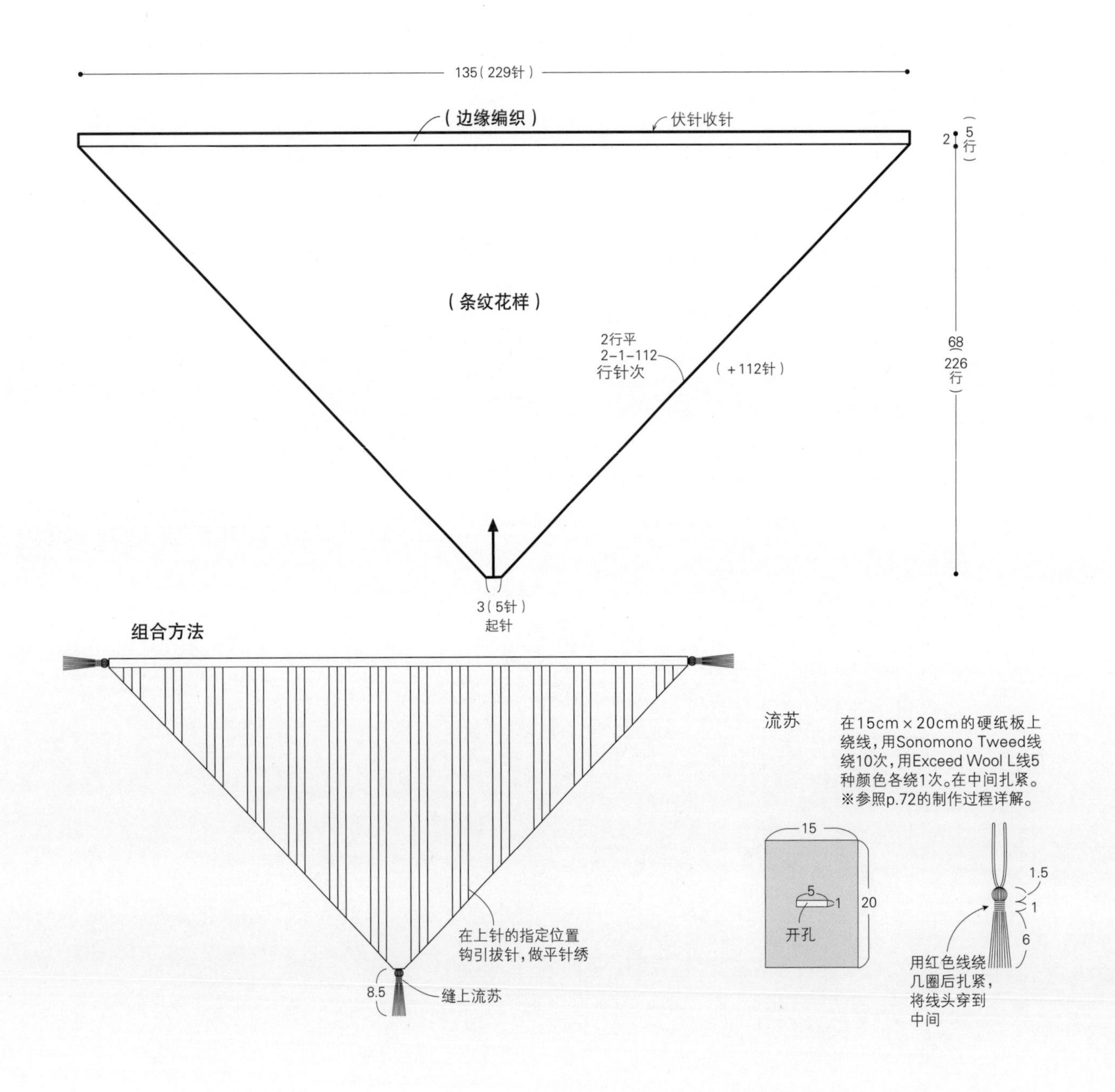

格子花样的三角形披肩的加针图解

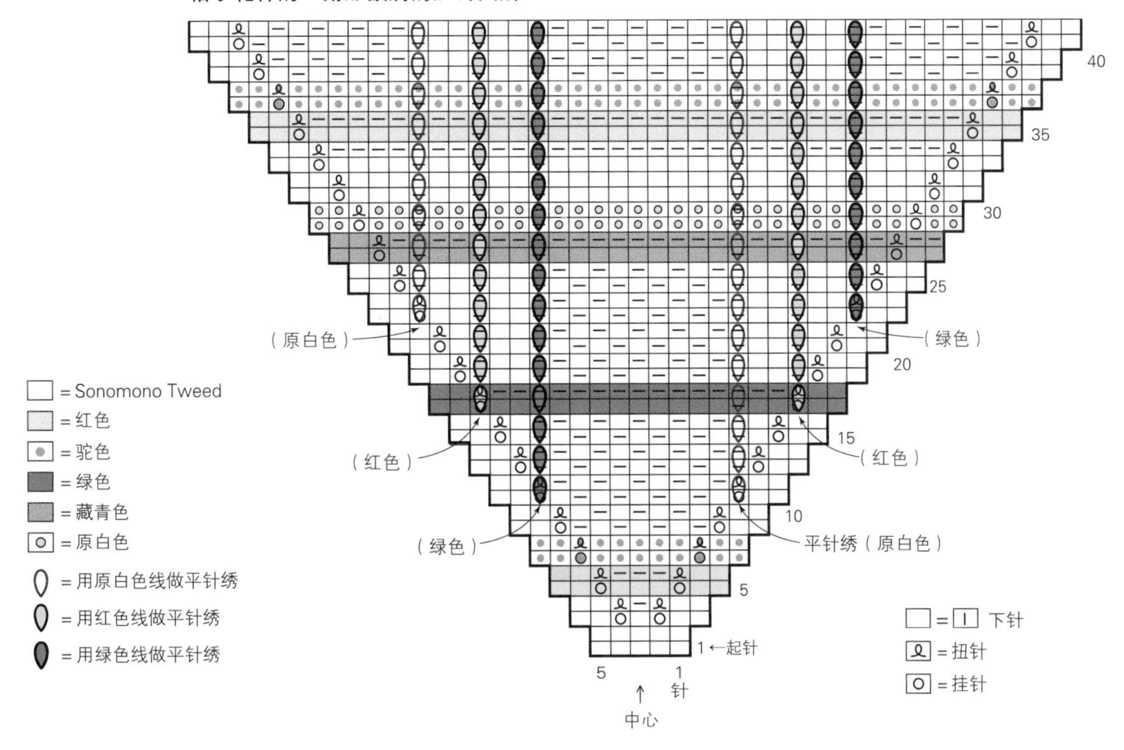

挂针和扭针的加针方法

第3行 挂针（右侧）

❶先织右端的2针，将线从前往后挂在右棒针上（挂针）。

挂针（左侧）

❷织1针下针，将线从后往前挂在右棒针上（挂针）。接着在左端的2针里织下针。

❸第3行完成。左右2针挂针完成。

第4行 扭针（左侧）

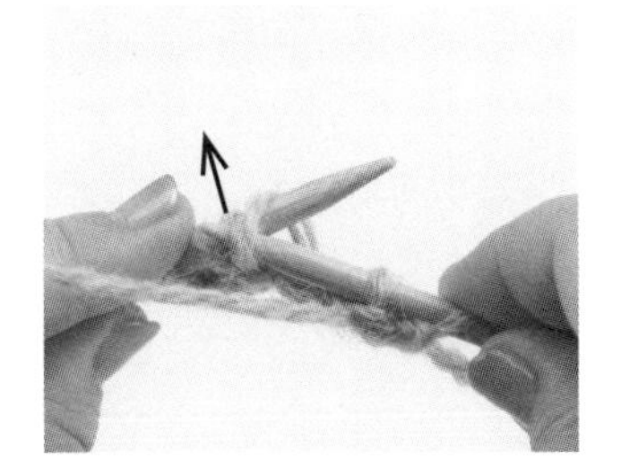

❹这是从反面编织的行。在右端的2针里织上针，在前一行的挂针里插入右棒针，在右棒针上挂线后拉出，织上针。

❺扭加针完成。

扭针（右侧）

❻编织至左端挂针的前一针。从前一行挂针的后面插入棒针。

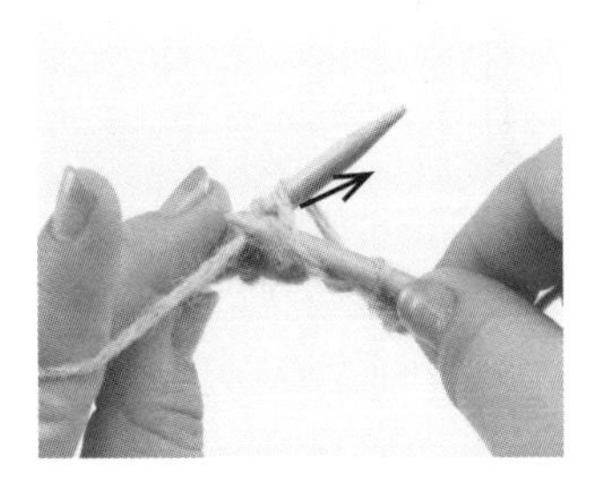

❼挂线，将线拉出至后面，织上针。

❽扭加针完成。在左端的2针里织上针。

用钩针纵向做平针绣的方法

条纹花样

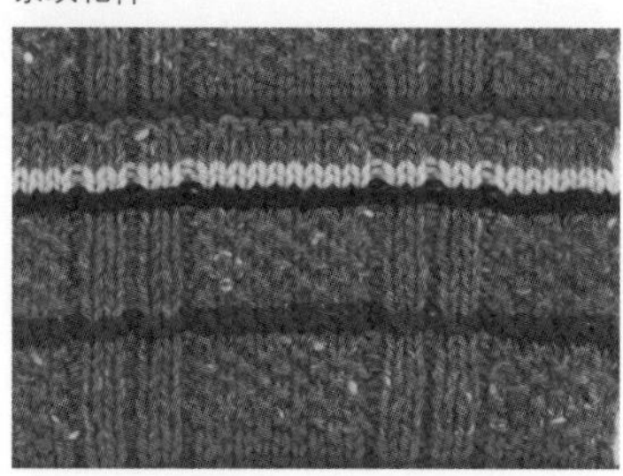

❶按条纹花样编织披肩。平针绣的位置是织上针凹下去的地方。

用钩针做平针绣

❷将指定用线放在织片的反面，在上针的指定位置插入钩针。

❸将位于织片后面的线拉出。

❹拉出后钩锁针。每2行插入钩针重复操作。一边注意不要钩得太紧，一边继续做平针绣至最后。

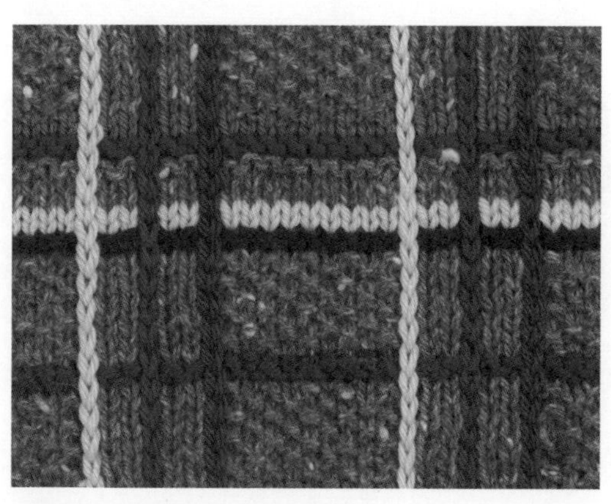

❺用指定的3种颜色的线做平针绣。

流苏的制作方法

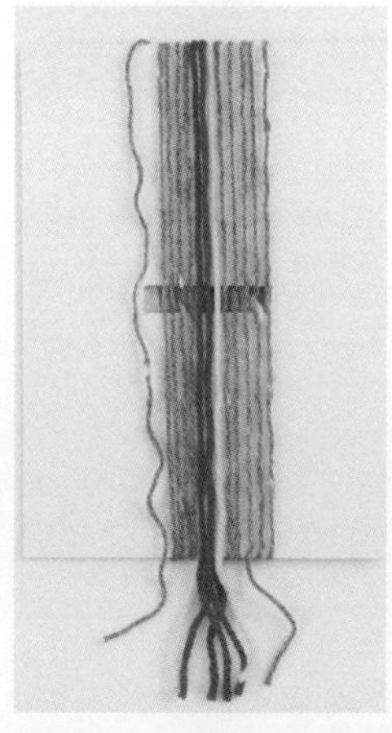

❶在20cm×15cm的硬纸板的中心位置先开一个1cm×5cm的小孔。然后，用Sonomono Tweed线绕10次，用Exceed Wool L线5种颜色各绕1次。

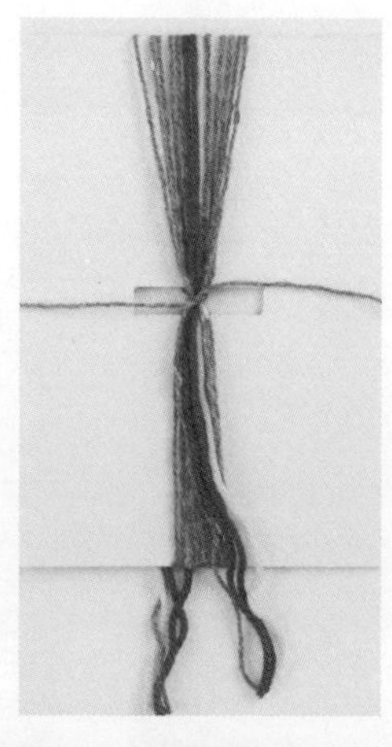

❷将Sonomono Tweed线穿过开孔处绕2圈，在中间扎紧。

❸将上、下线圈剪开，对折。

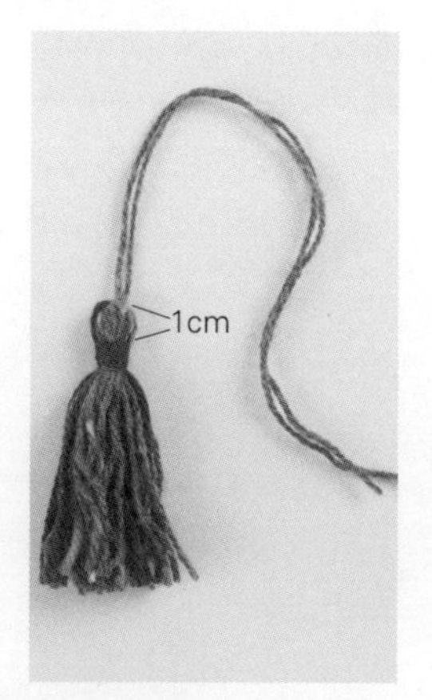

❹用Exceed Wool L红色线绕10圈后打结，用缝针将线结藏到中间。

❺用缝针将流苏缝在披肩上。

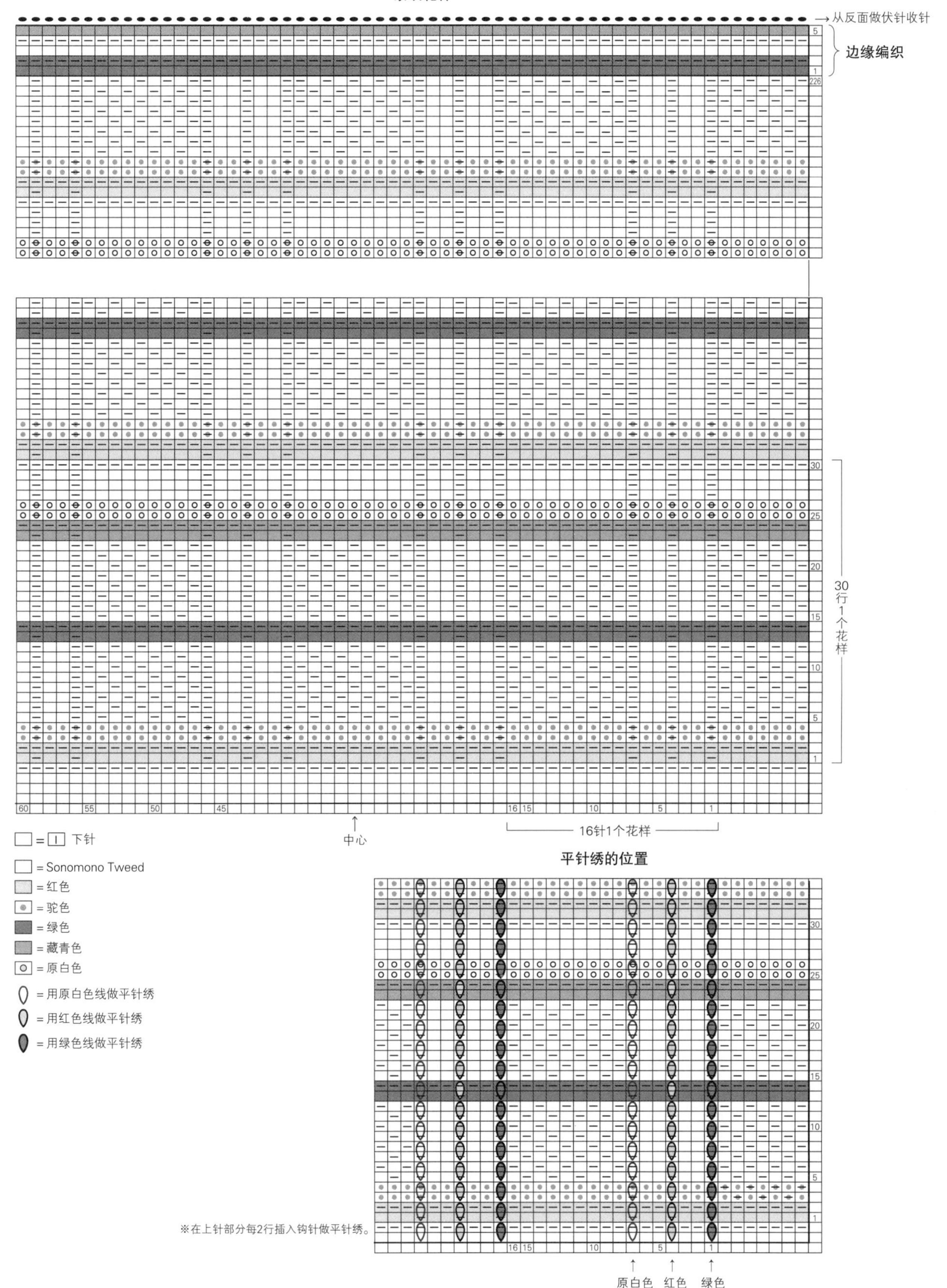
条纹花样
从反面做伏针收针
边缘编织
30行1个花样
中心
16针1个花样
□=□ 下针
□=Sonomono Tweed
=红色
=驼色
=绿色
=藏青色
=原白色
=用原白色线做平针绣
=用红色线做平针绣
=用绿色线做平针绣
平针绣的位置
※在上针部分每2行插入钩针做平针绣。
原白色
红色
绿色

棒针编织基础知识

手指挂线起针

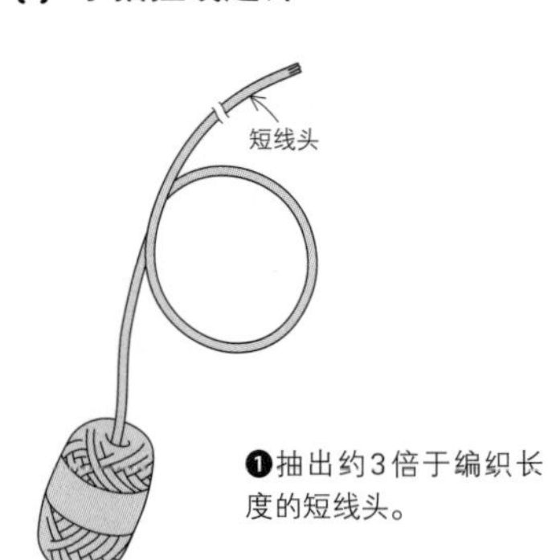

❶抽出约3倍于编织长度的短线头。

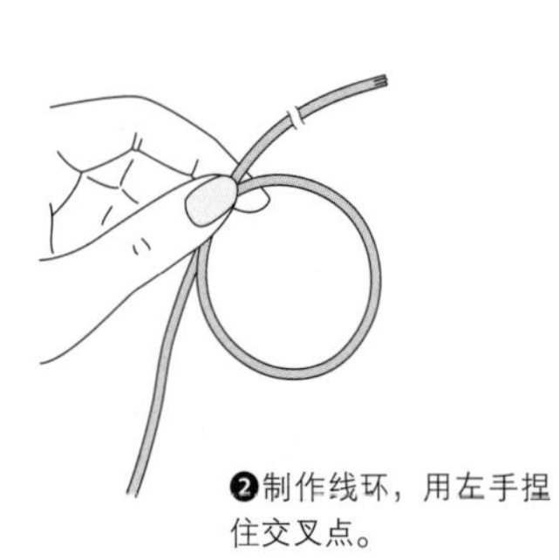

❷制作线环，用左手捏住交叉点。

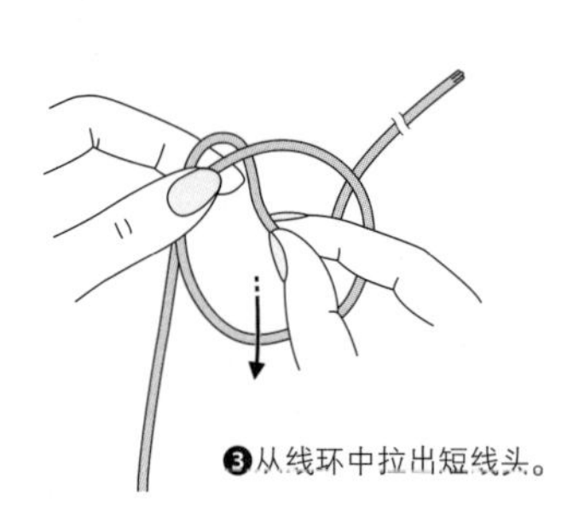

❸从线环中拉出短线头。

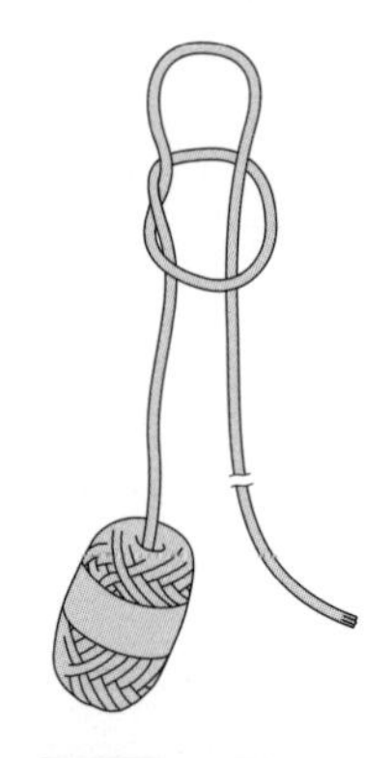

❹用拉出的线制作一个小线圈。

❺在小线圈中插入2根棒针，拉动两边的线头，收紧线圈。

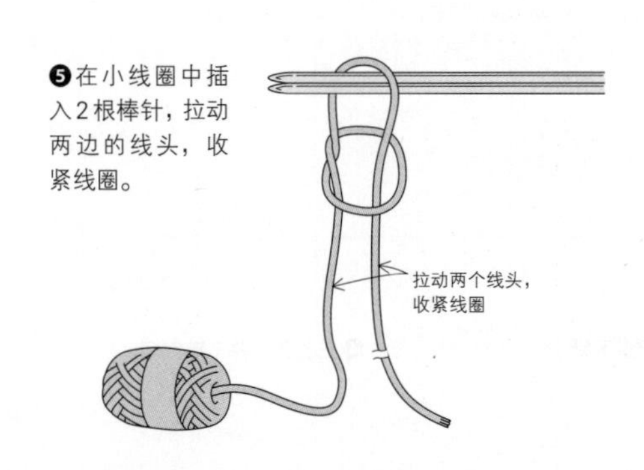

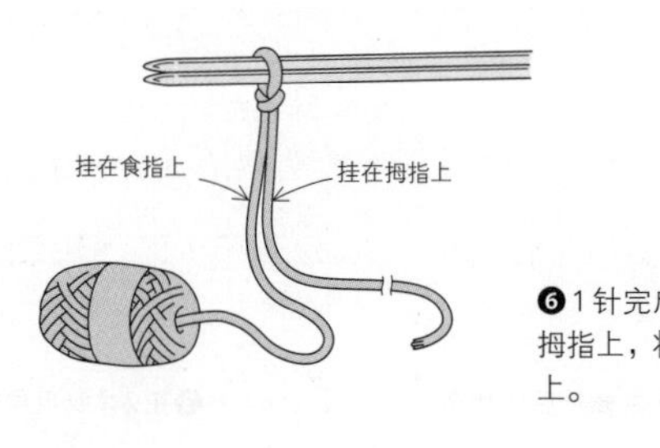

❻1针完成。将短的线挂在拇指上，将长的线挂在食指上。

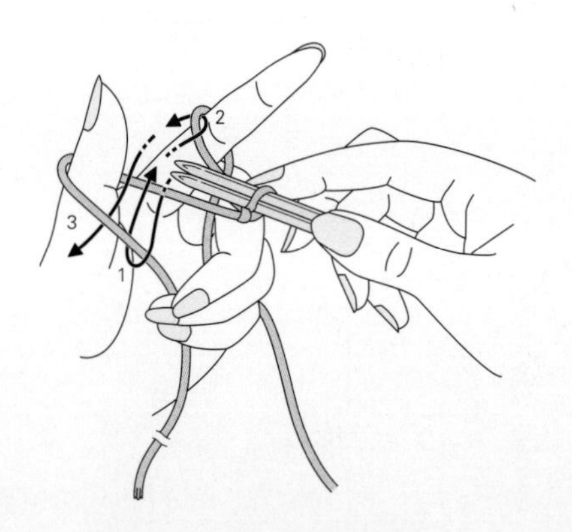

❼按1、2、3箭头所示的顺序转动针头，在棒针上挂线。

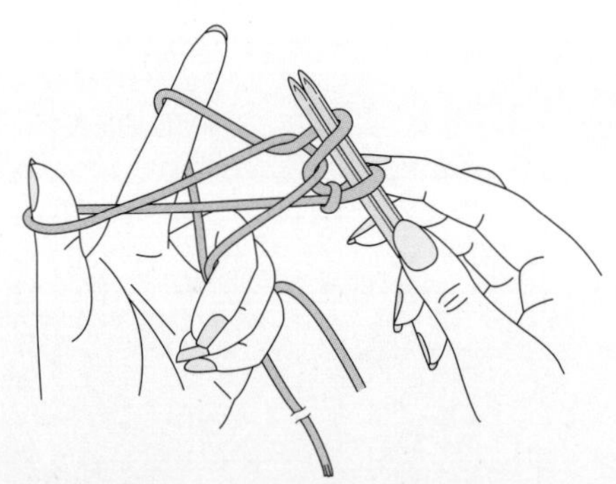

❽按1、2、3箭头所示的顺序挂线后的状态。

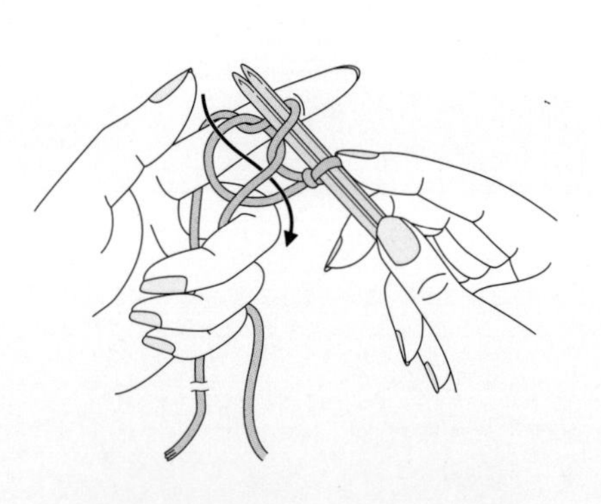

❾暂时松开拇指上的线，如箭头所示重新插入拇指。伸直拇指拉紧针目。重复步骤❼~❾，起所需针数。

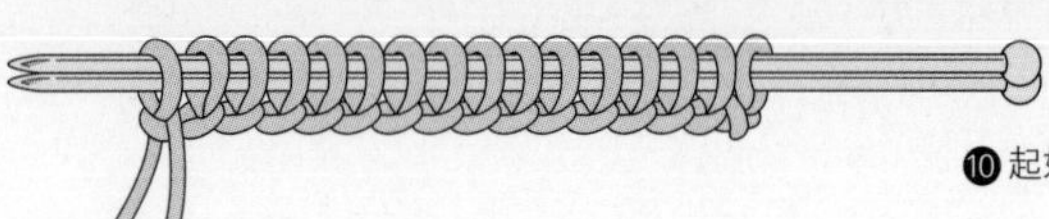

❿起好所需针数后，抽出1根棒针。

棒针编织符号和编织方法

下针 |

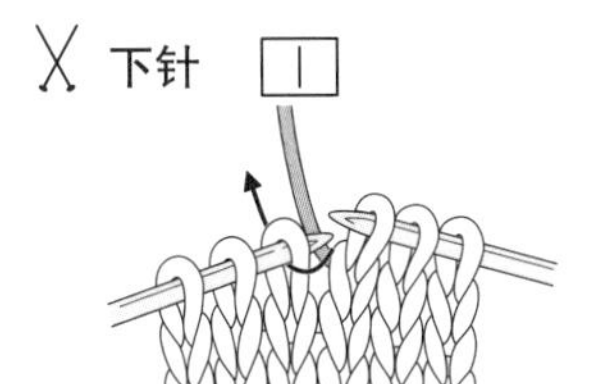

❶将线放在后面，从前面插入右棒针。

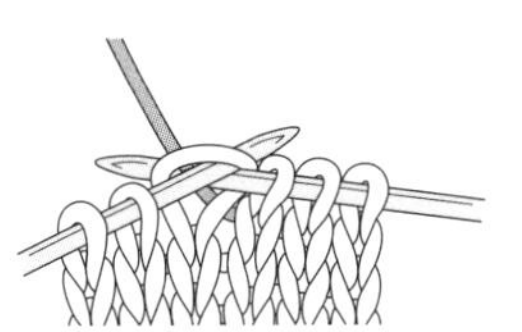

❷挂线，将线拉出至前面。

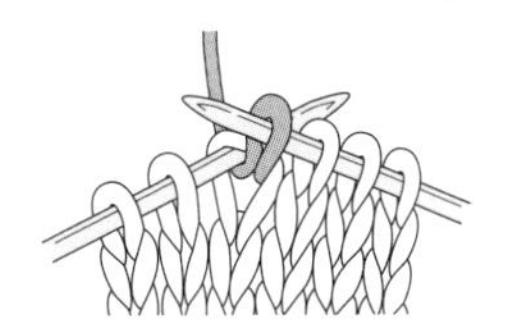

❸将线拉出后的状态。退出左棒针取下针目。

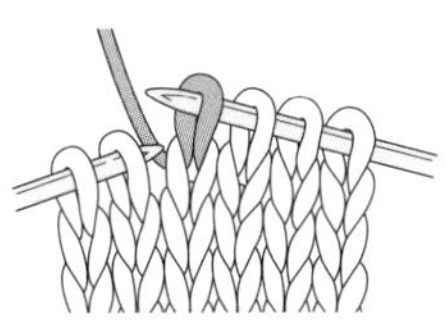

❹下针完成。

上针 —

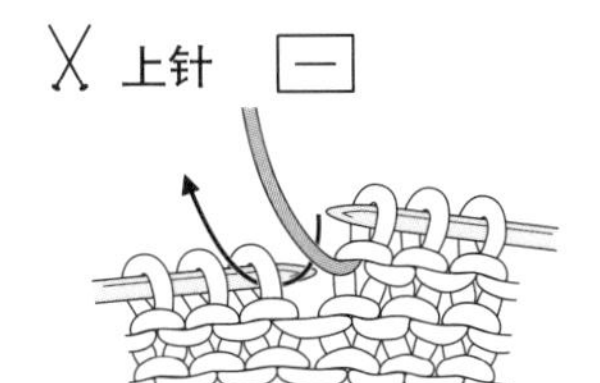

❶将线放在前面，从后面插入右棒针。

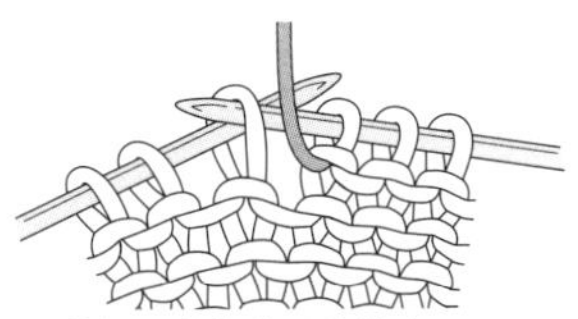

❷插入右棒针后的状态。

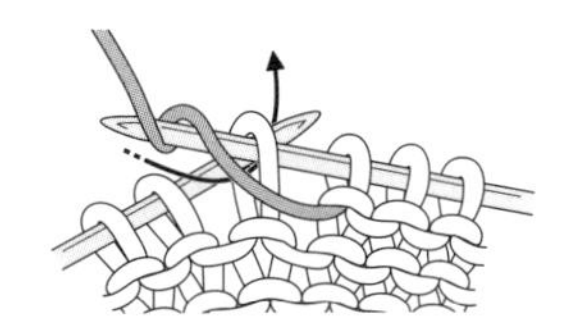

❸挂线，将线拉出至后面。退出左棒针取下针目。

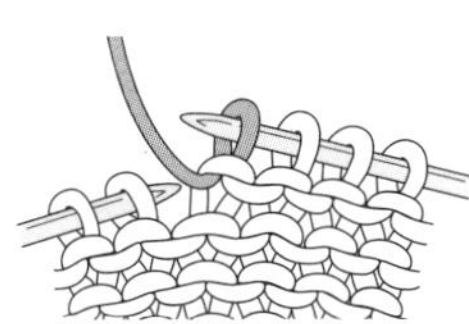

❹上针完成。

左上2针并1针

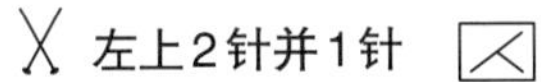

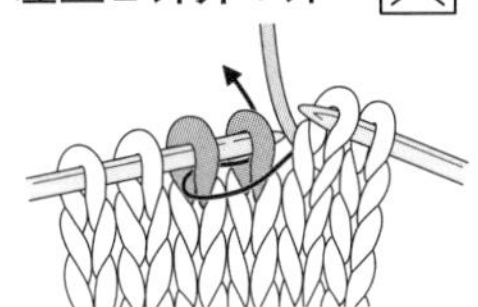

❶从2个针目的左侧一次性插入右棒针。

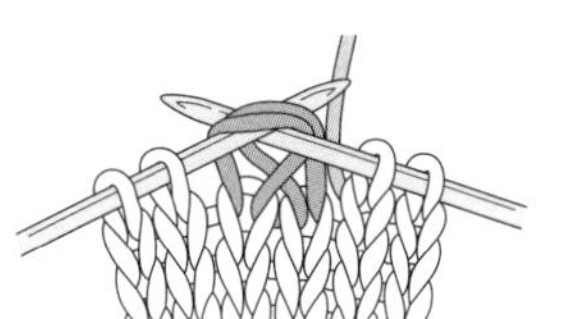

❷插入右棒针后的状态。

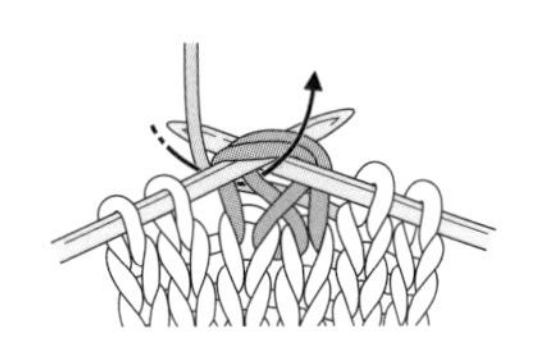

❸在2个针目里一起织下针。

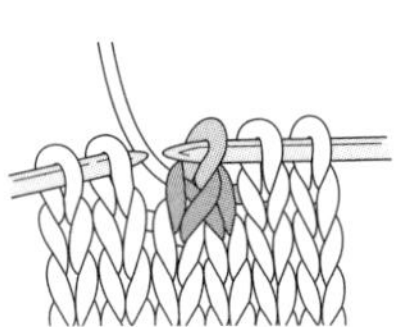

❹左上2针并1针完成。

上针的左上2针并1针

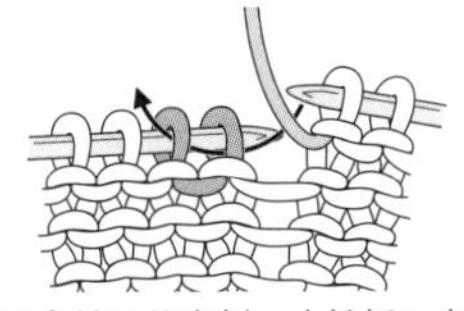

❶从2个针目的右侧一次性插入右棒针。

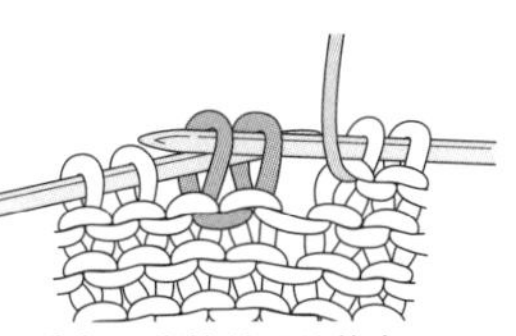

❷插入右棒针后的状态。

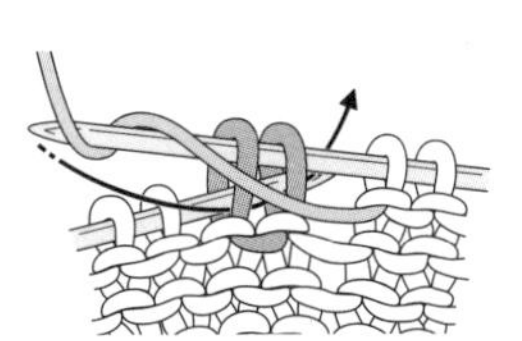

❸在2个针目里一起织上针。

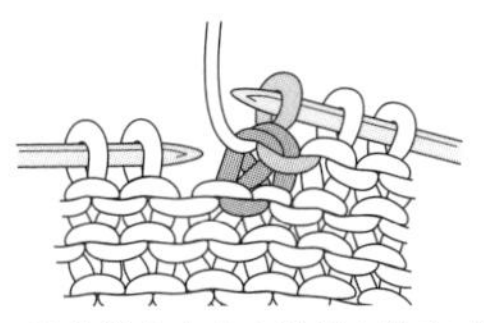

❹上针的左上2针并1针完成。

右上2针并1针

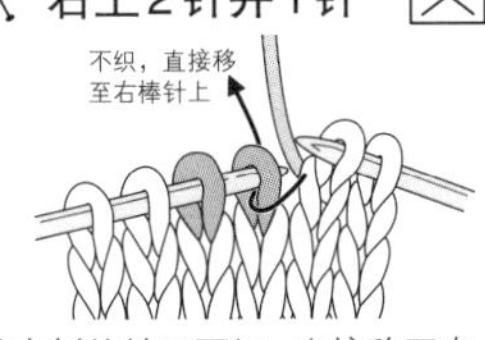

❶右侧的针目不织，直接移至右棒针上。

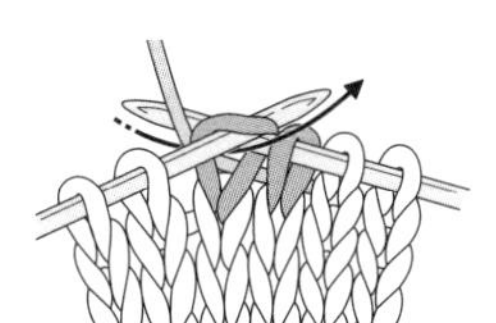

❷在左侧的针目里织下针。

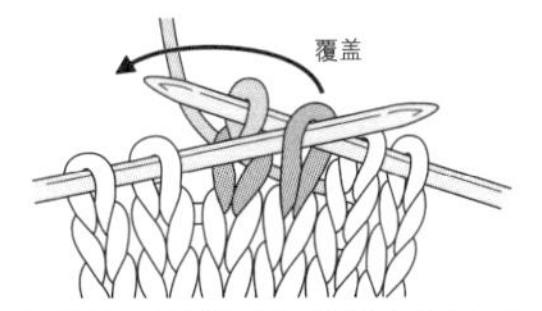

❸挑起刚才移至右棒针上的针目，将其覆盖在前面织的下针上。

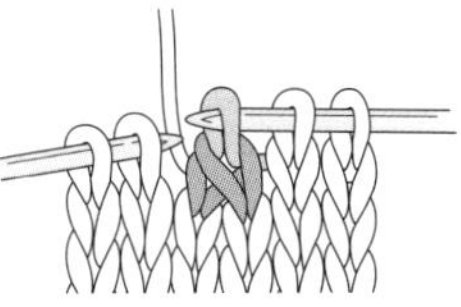

❹右上2针并1针完成。

上针的右上2针并1针

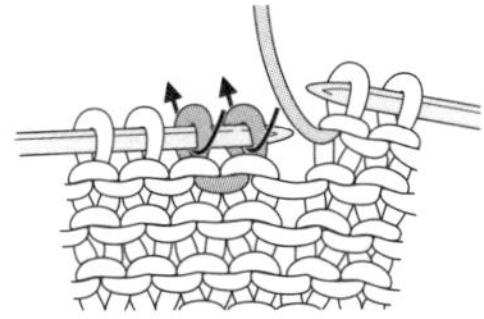

❶2个针目不织，分别移至右棒针上。

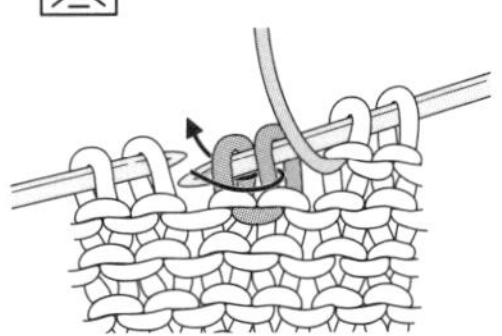

❷从2个针目的右侧插入左棒针，将针目移回至左棒针上。

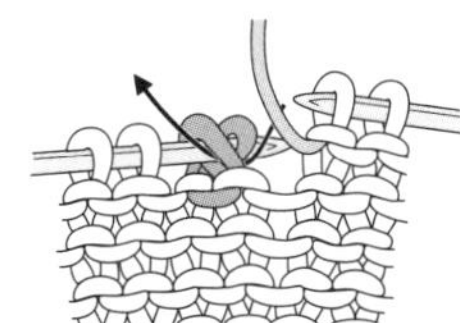

❸如箭头所示插入右棒针。

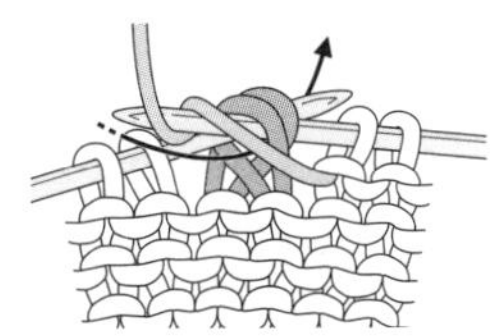

❹在2个针目里一起织上针。

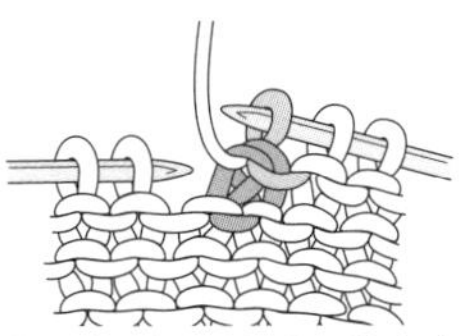

❺上针的右上2针并1针完成。

棒针编织符号和编织方法

挂针

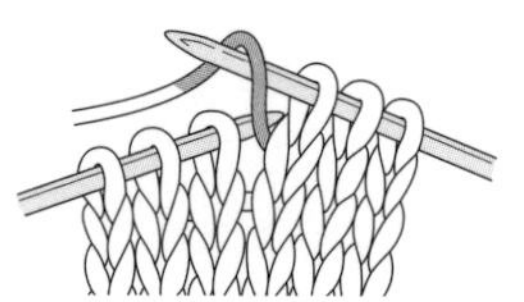
❶将线从前往后挂在右棒针上。这就是挂针。

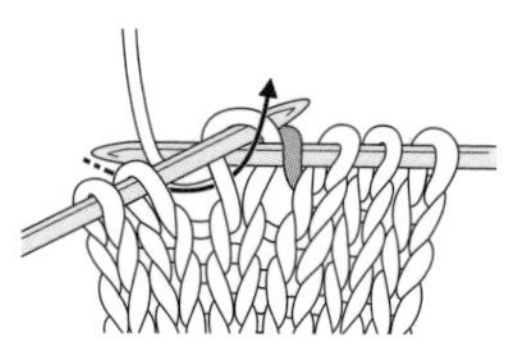
❷在下个针目里织下针，挂针就固定住了。

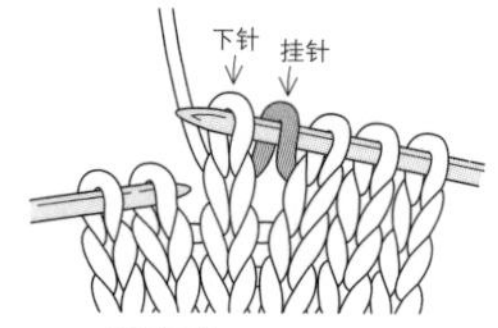

❸完成。

❹下一行，与其他针目一样，也在挂针里编织。

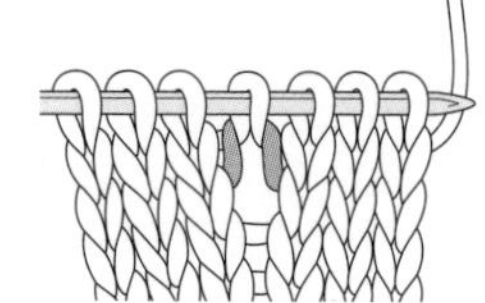
❺完成后从正面看到的状态。

扭针

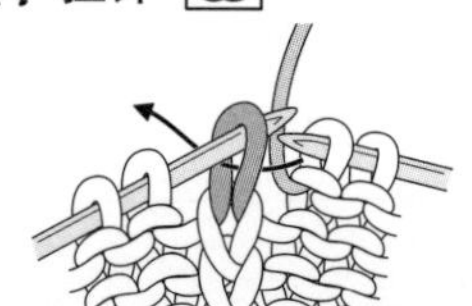
❶如箭头所示插入右棒针。

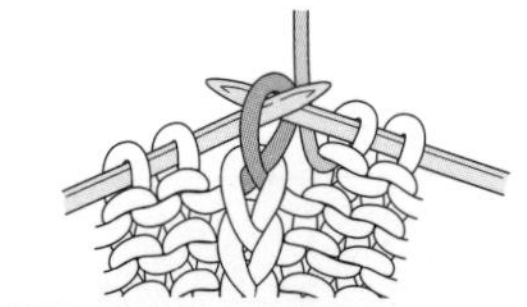
❷插入右棒针后的状态。

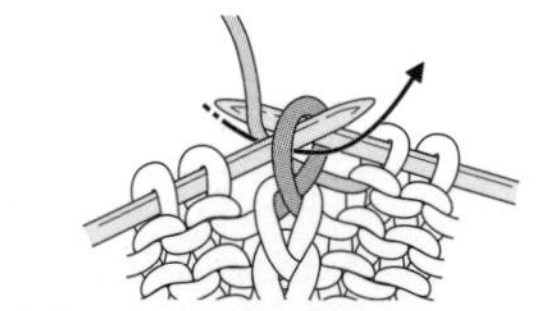
❸挂线，将线拉出至前面。

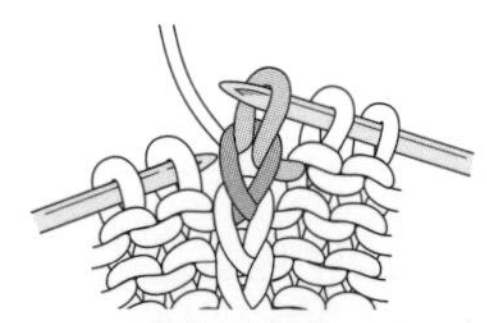
❹扭针完成。

中上3针并1针

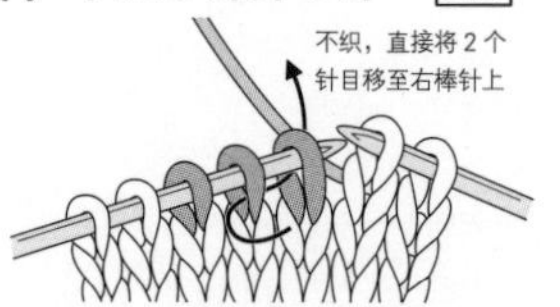

❶在右边的2个针目里如箭头所示插入棒针，不织，直接将针目移至右棒针上。

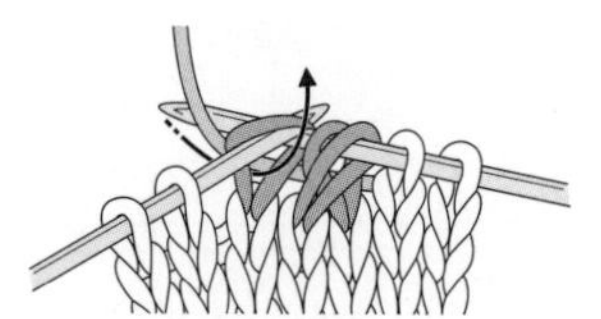
❷在下个针目里织下针。

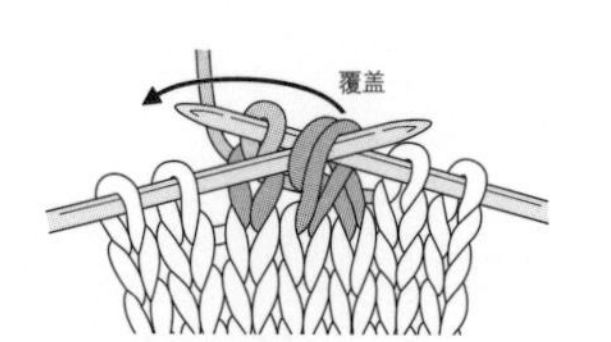

❸挑起刚才移至右棒针上的2个针目，将其覆盖在前面织的下针上。

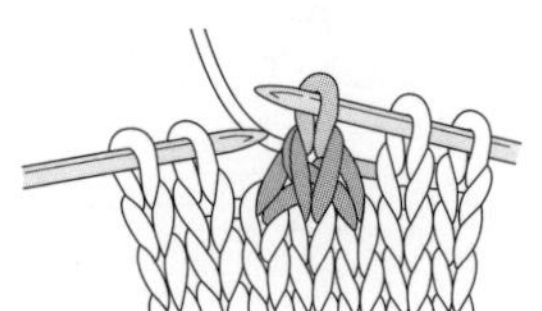
❹中上3针并1针完成。

滑针

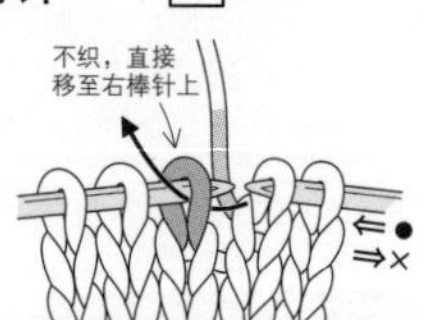

❶在●行，将线放在后面，如箭头所示插入棒针，不织，直接将针目移至右棒针上。

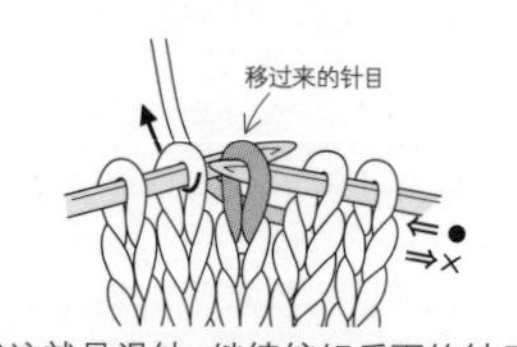

❷这就是滑针。继续编织后面的针目。

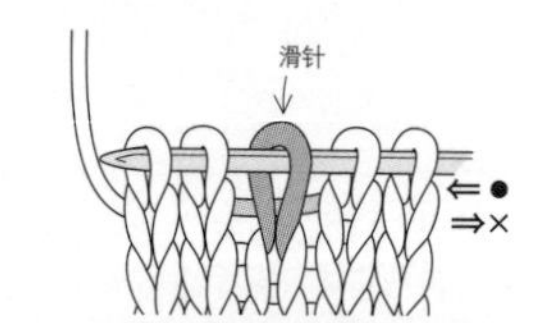

❸滑针部分的渡线位于后面。

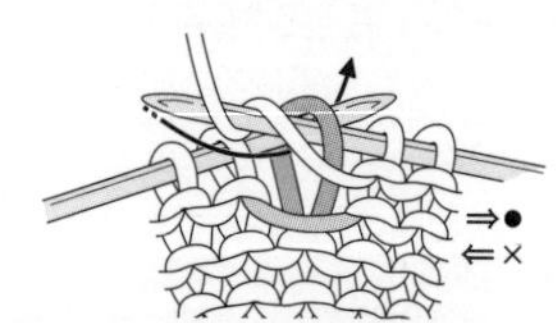
❹下一行按图示在滑针里编织。

左上1针交叉

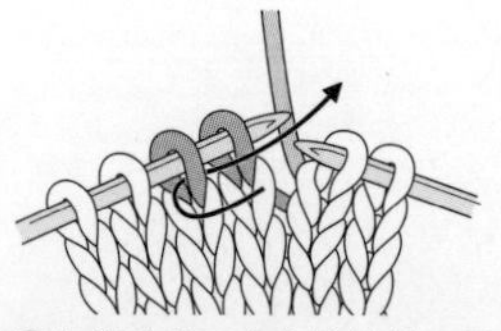
❶如箭头所示在左边的针目里插入棒针。

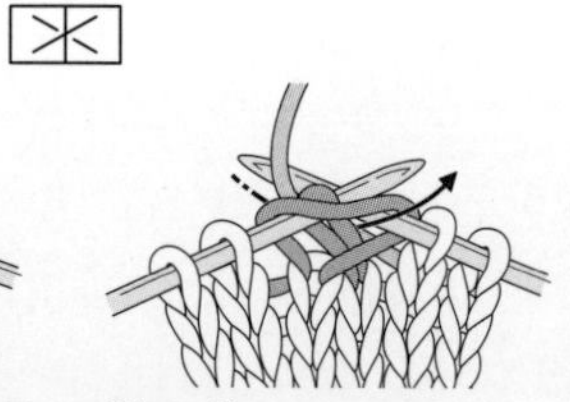
❷织下针。

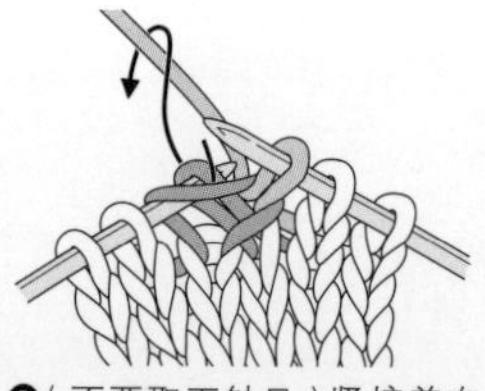
❸（不要取下针目）紧接着在右边的针目里织下针。

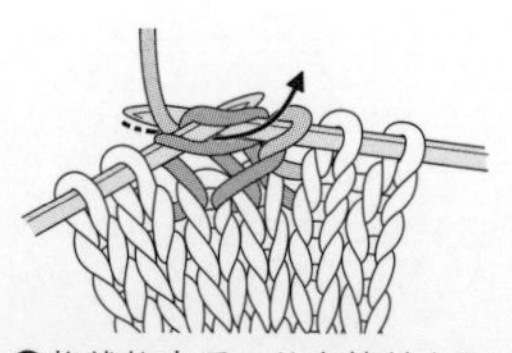
❹将线拉出后，从左棒针上取下2个针目。

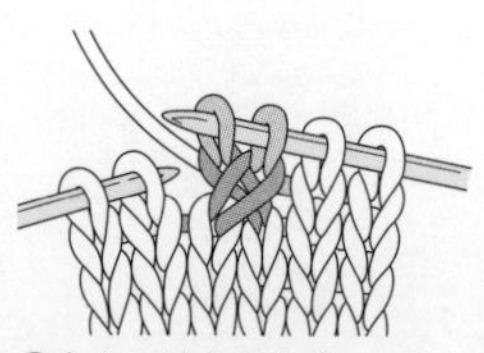
❺左上1针交叉完成。

右上1针交叉

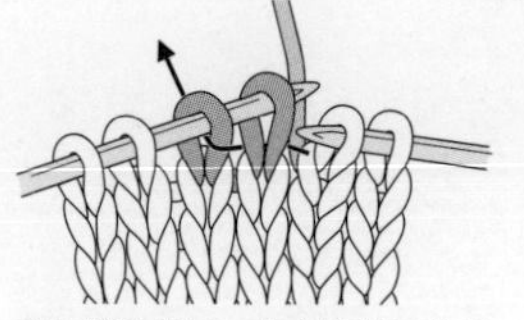
❶如箭头所示，从右边针目的后面将棒针插入左边的针目里。

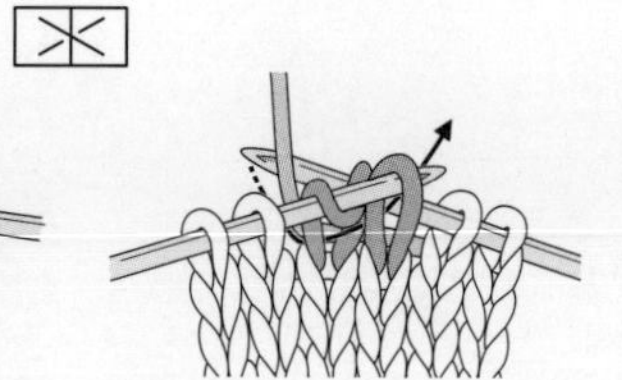
❷织下针。

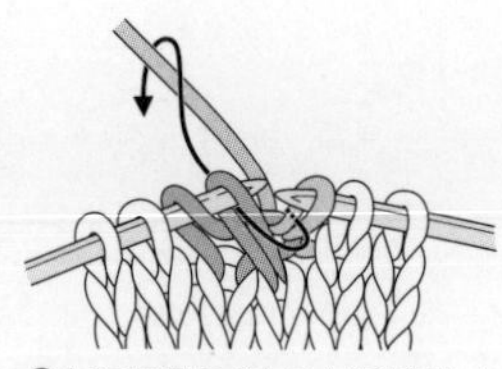
❸（不要取下针目）紧接着在右边的针目里织下针。

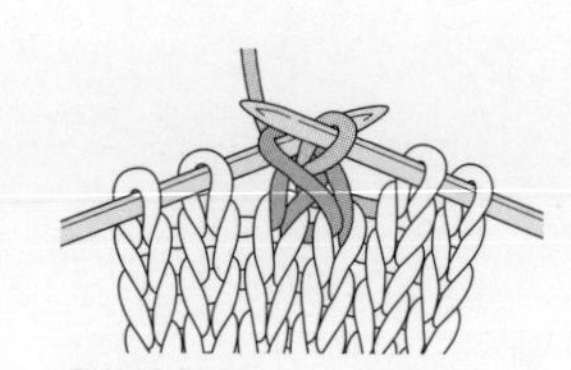
❹将线拉出后，从左棒针上取下2个针目。

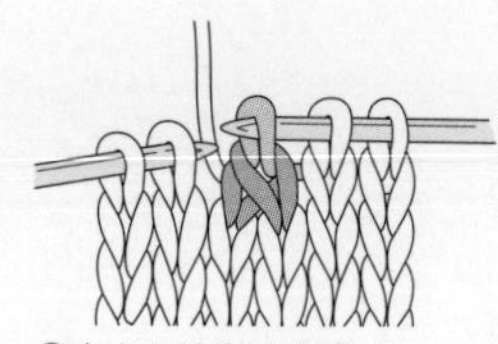
❺右上1针交叉完成。

棒针编织符号和编织方法

纵向渡线配色编织花样

（从正面编织的行）

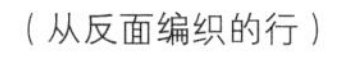

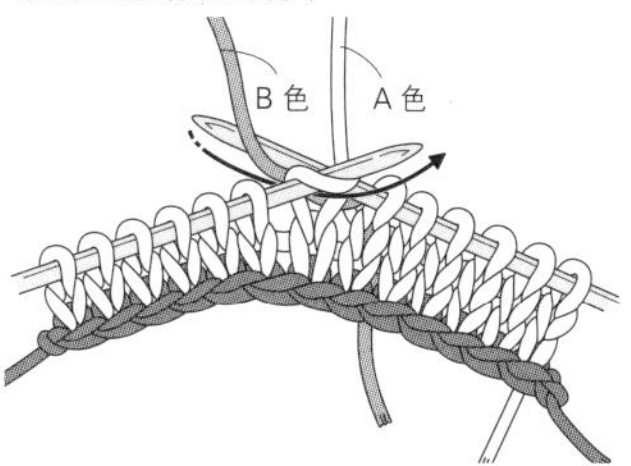

❶换线，用B色线编织。A色线暂停编织。

C 色
B 色
A 色

❷接着换成C色线。

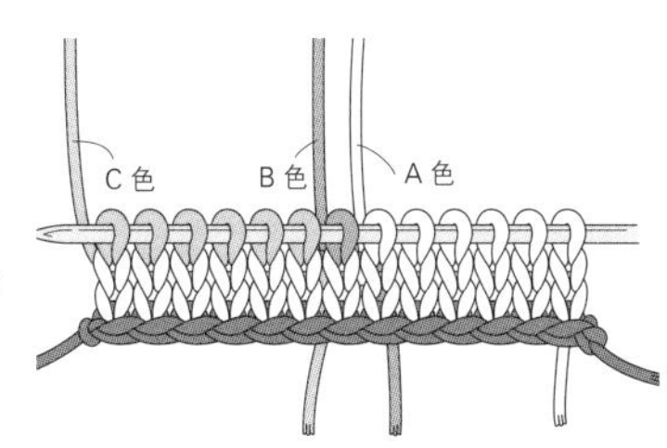

❸用C色线编织。

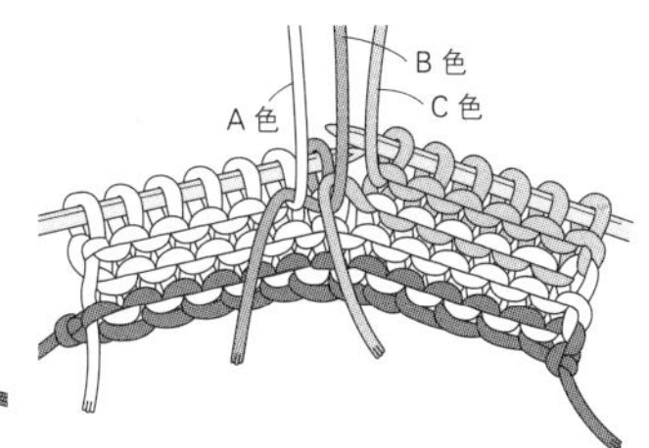

❹翻转织片，编织至B色的地方，将C色线的线头与B色线进行交叉。

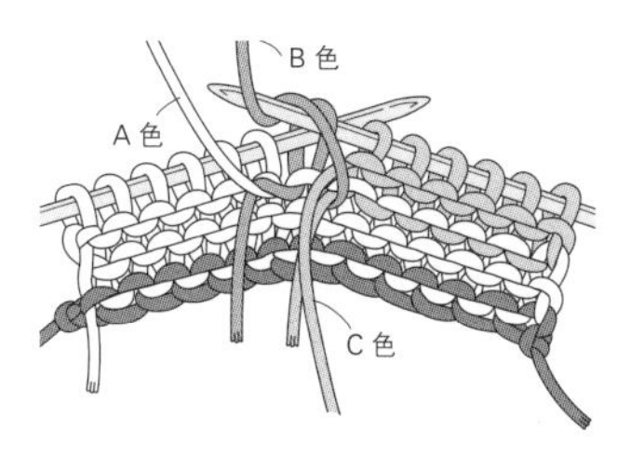

❺刚才编织时用的C色线也与B色线进行交叉，然后用B色线编织。

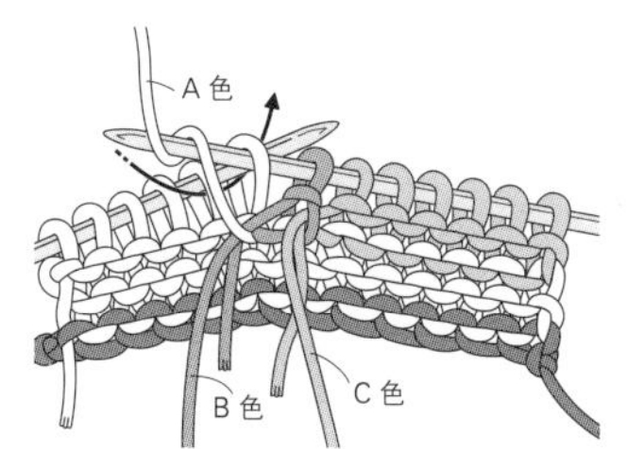

❻为了让A色线与B色线交叉，从下方将A色线拉上来编织。

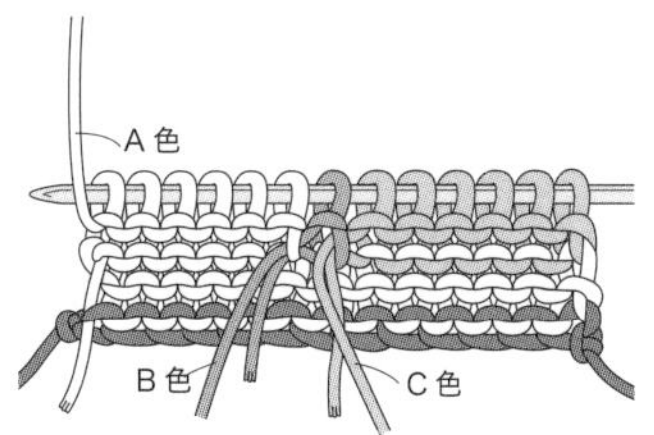

❼用A色线编织。

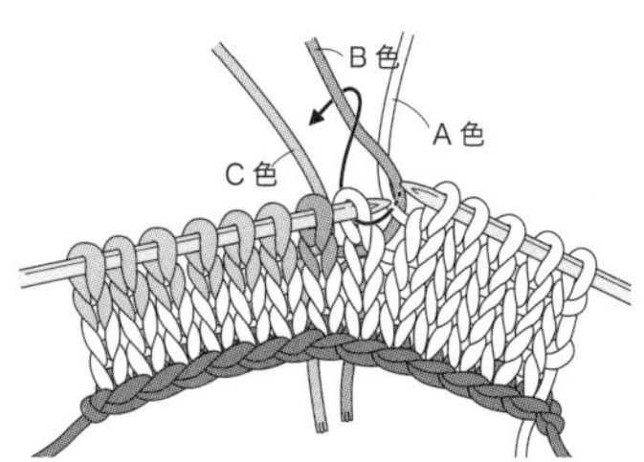

❽为了让B色线与A色线交叉，从下方将B色线拉上来编织。

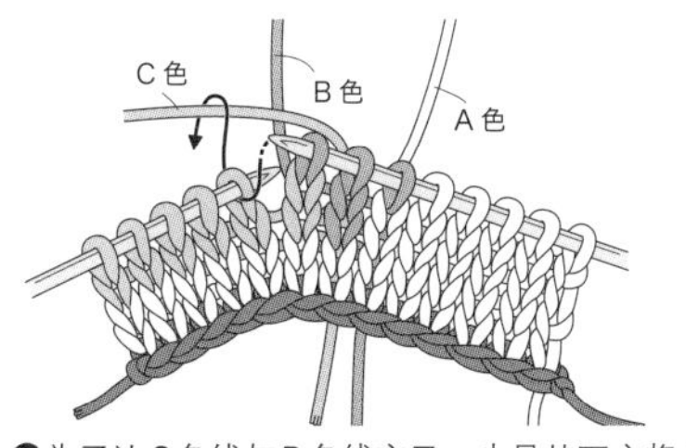

❾为了让C色线与B色线交叉，也是从下方将C色线拉上来编织。

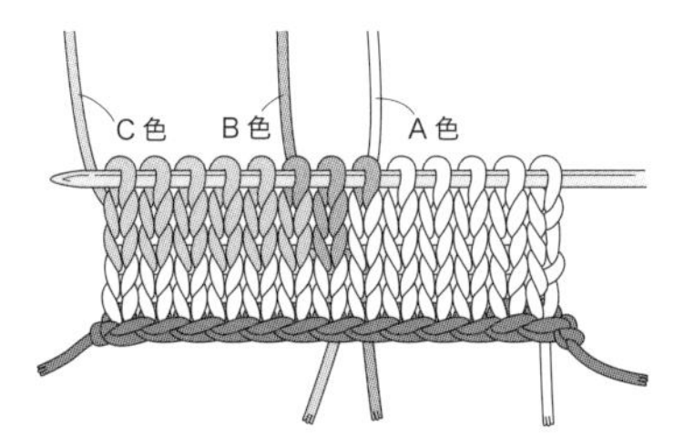

❿第5行编织完成的状态。

伏针收针 ●

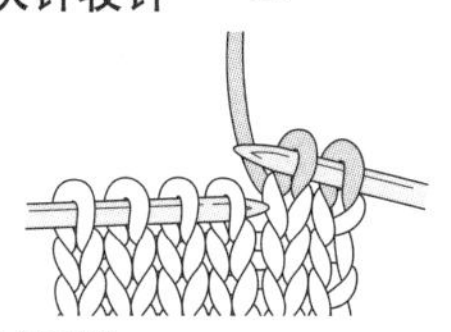

❶织2针下针。

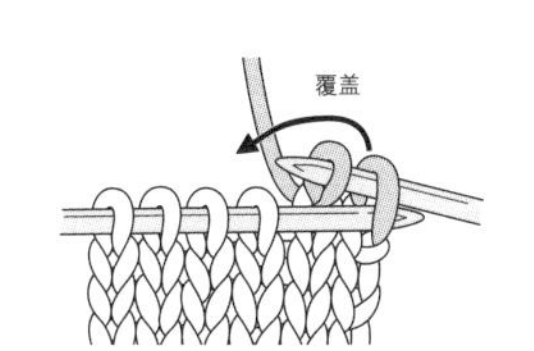

❷用左棒针挑起右边的针目，将其覆盖在左边的针目上。

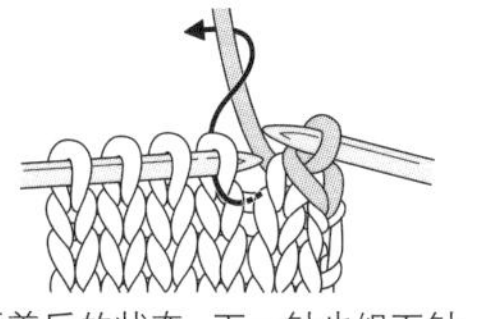

❸覆盖后的状态。下一针也织下针，按步骤❷相同要领做挑针覆盖。

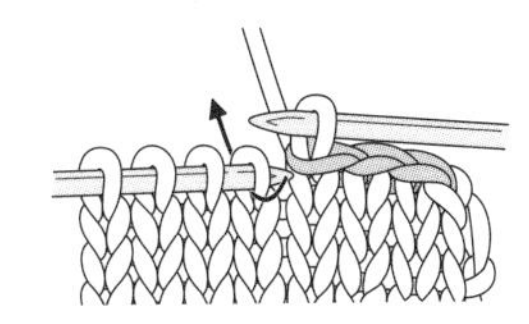

❹重复“织1针下针，覆盖”。

上针的伏针收针 ●

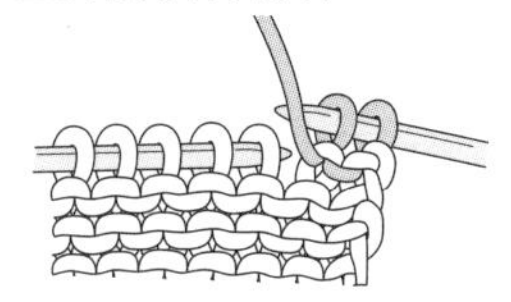

❶织2针上针。

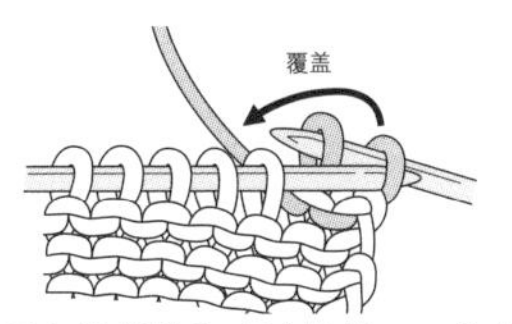

❷用左棒针挑起右边的针目，将其覆盖在左边的针目上。

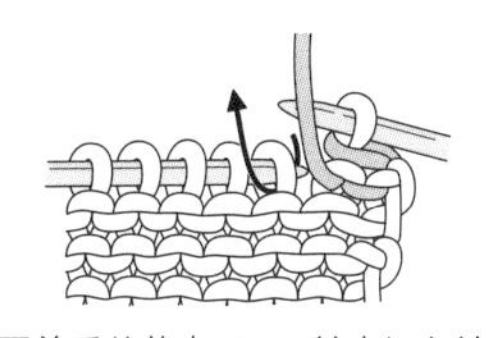

❸覆盖后的状态。下一针也织上针，按步骤❷相同要领做挑针覆盖。

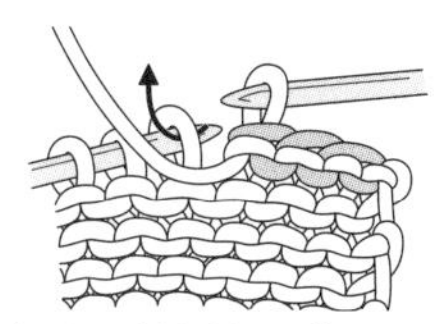

❹重复“织1针上针，覆盖”。

棒针编织基础知识(缝合方法、收针方法)

平针缝合

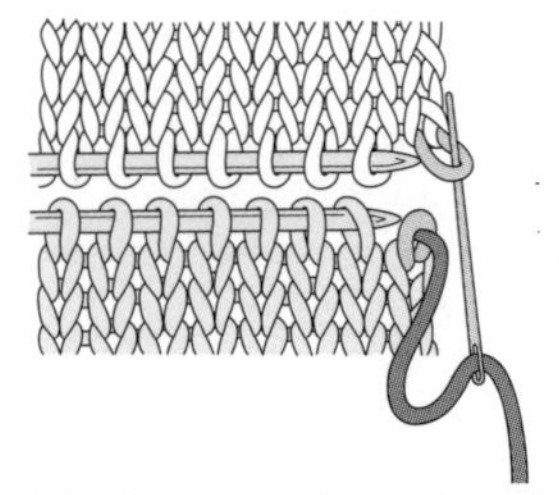

❶对齐2个织片后拿好。分别从下侧织片边端针目和上侧织片边端针目的后侧穿入缝针。

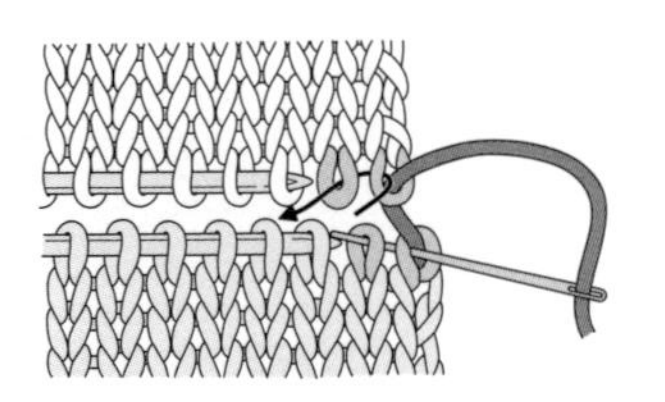

❷如箭头所示先将缝针从下侧织片的2针插入，再从上侧织片的2针中穿过。

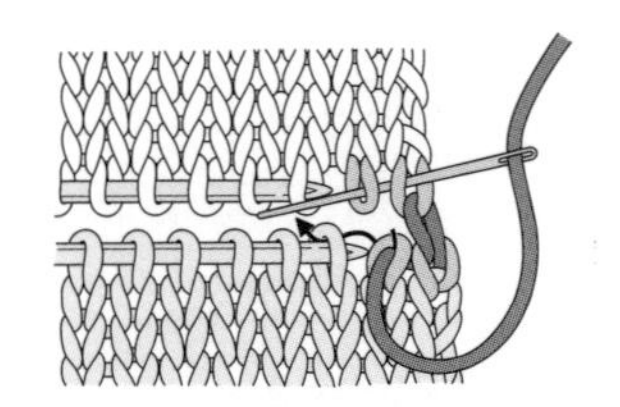

❸接着，如箭头所示将缝针从下侧织片的2针中穿过。

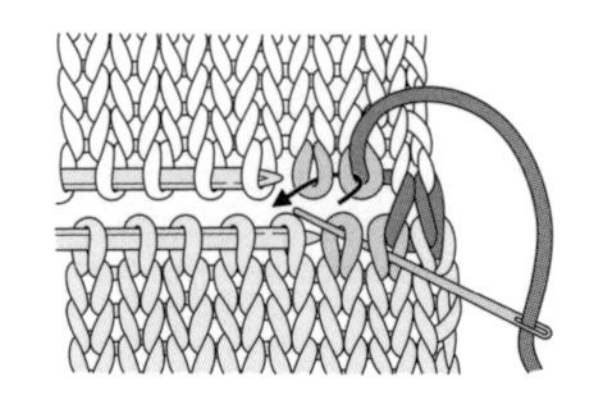

❹接着将缝针从上侧织片的2针中穿过。重复步骤❷~❹。

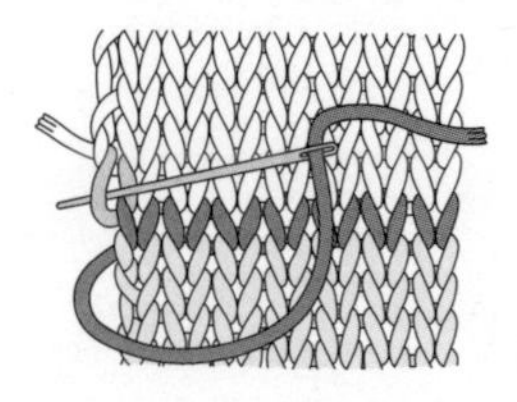

❺最后从上侧织片针目的前侧入针。织片的边端会错开半针。

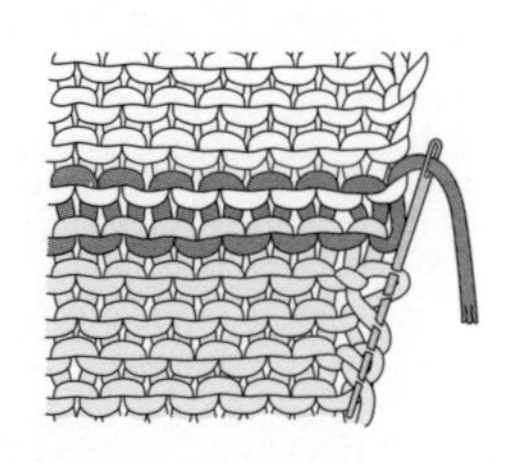

❻处理线头。用缝针将线头穿入边端针目的线中。

单罗纹针的收针(环形编织的收针方法)

编织起点

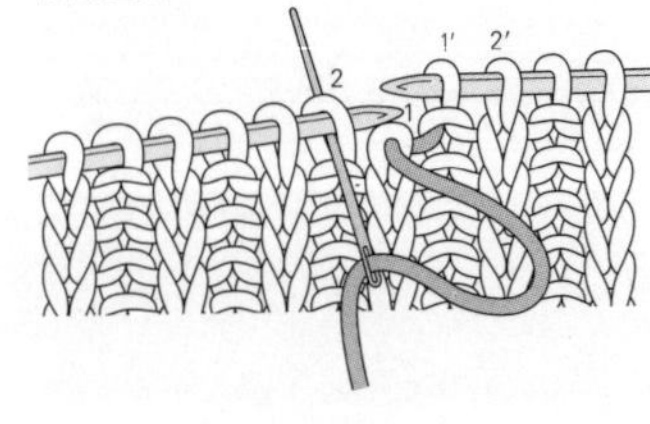

❶从针目1(最初的下针)的后面插入缝针，从针目2的后面出针。

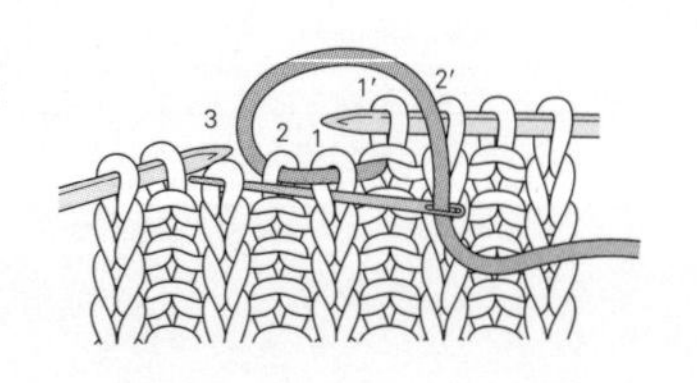

❷从针目1的前面入针，从针目3的前面出针。

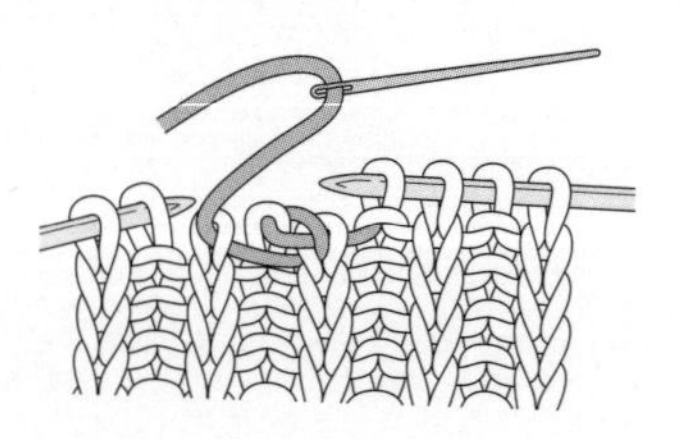

❸将线拉出后的状态。

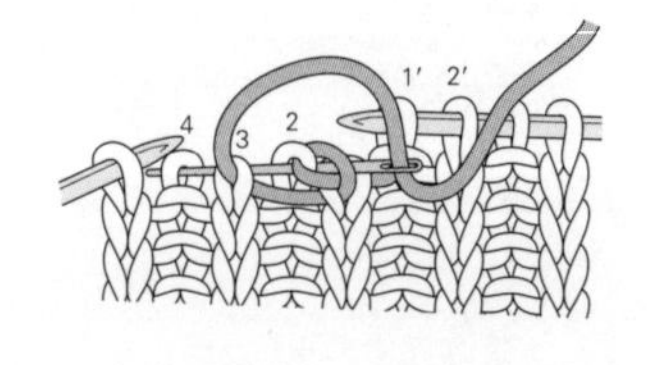

❹从针目2的后面入针，从针目4的后面出针(上针对上针)。

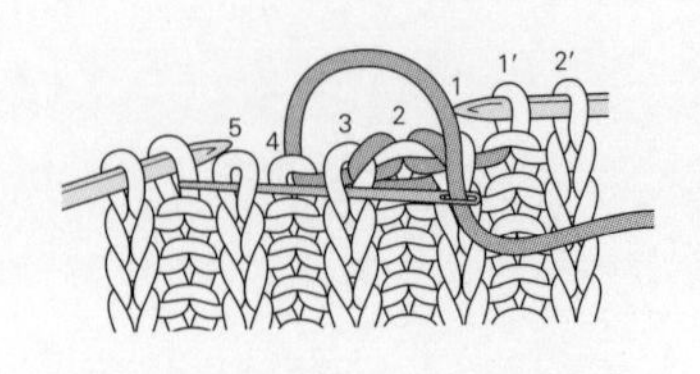

❺从针目3的前面入针，从针目5的前面出针(下针对下针)。重复步骤❹、❺。

编织终点

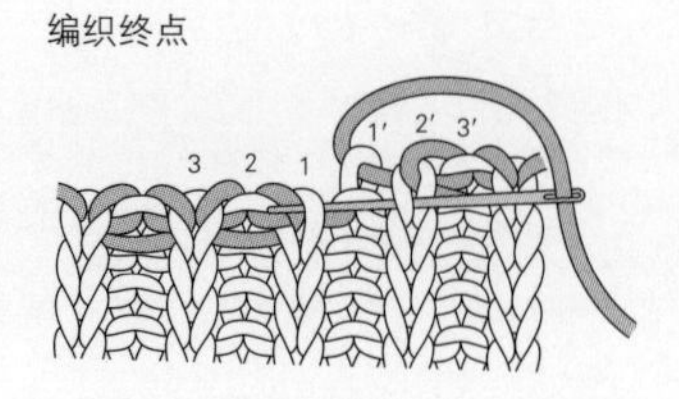

❻从针目2′的前面入针，从针目1(最初的下针)的前面出针(下针对下针)。

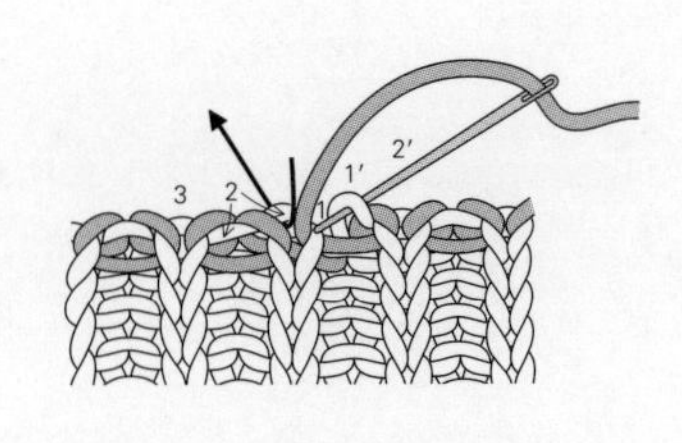

❼从针目1′(上针)的后面入针，从针目2(最初的上针)的后面出针。

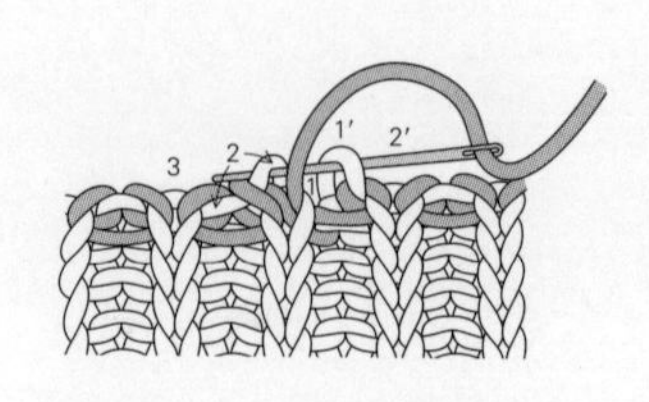

❽在针目1′和针目2里插入缝针后的状态。针目1和2一共插入3次缝针。拉紧缝线。

钩针编织符号和编织方法

锁针

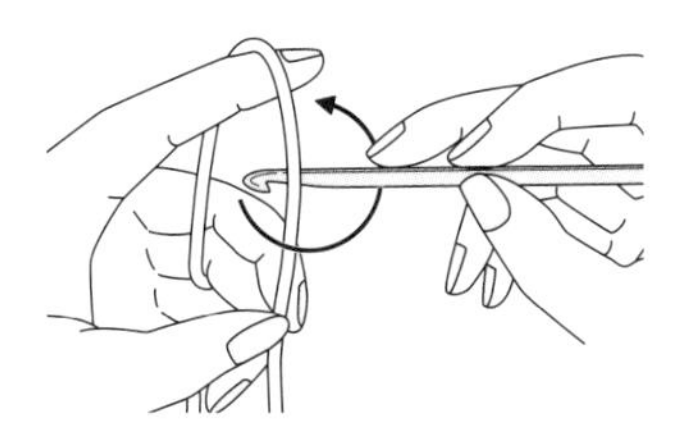

❶将钩针放在线的后面，按箭头所示方向转动钩针。

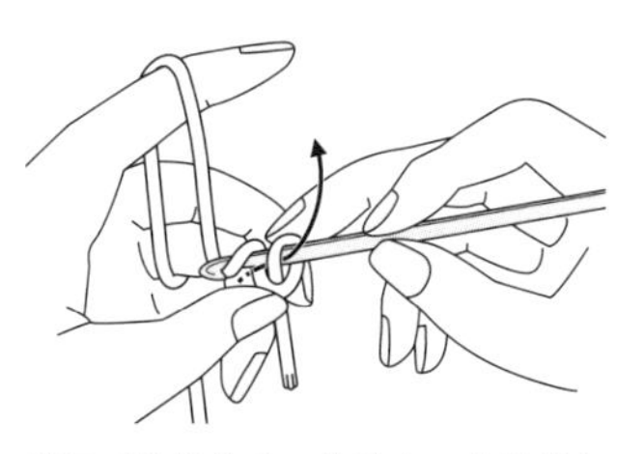

❷用手指捏住交叉的地方，在钩针上挂线。

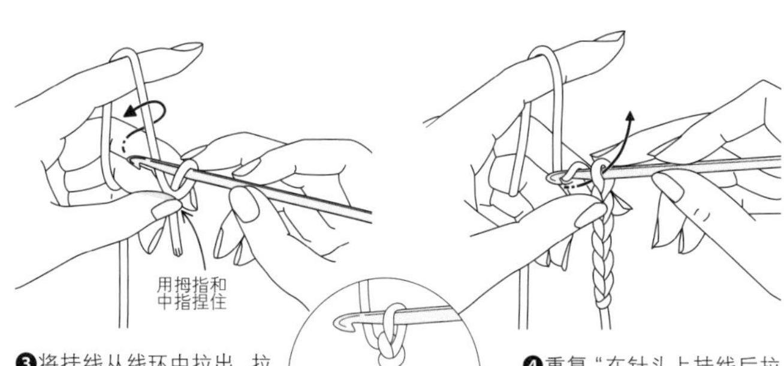

❸将挂线从线环中拉出。拉动线头，收紧线环。边端的这一针不计入针数。

❹重复"在针头上挂线后拉出"，钩锁针，比所需针数多钩几针。

长针

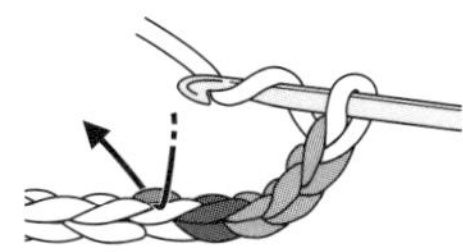

❶钩锁针，针数为"起针锁针、立织3针锁针"，然后在钩针上挂线，将钩针插入起针针目右起第2针（此处在里山挑针）。

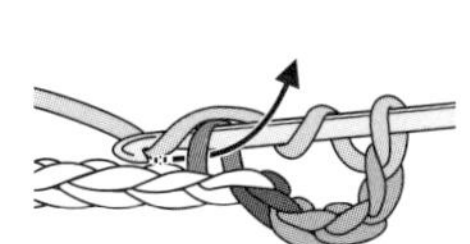

❷在针背按住步骤❶中所挂的线，转动针头挂线，将线拉出至2针锁针的高度。

❸将线拉出后的状态。再次如箭头所示转动钩针（转动时，按住针背上的线）。

❹在针头上挂线，引拔穿过钩针上的2个线圈。

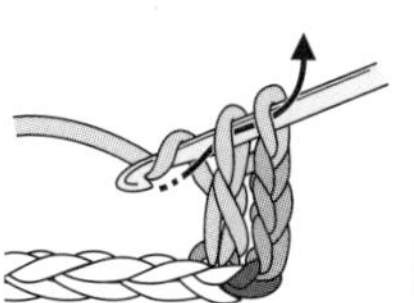

❺在针头上挂线，一次引拔穿过钩针上剩下的2个线圈。

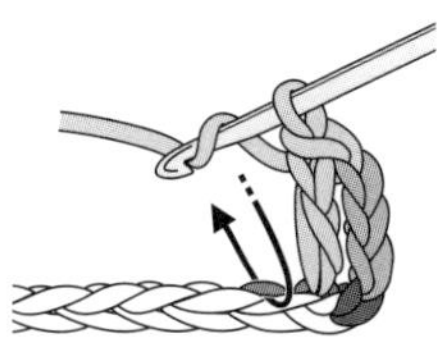

❻1针长针完成。由于立针也计入针数（3针锁针相当于1针长针），图中计作2针。接着在针头上挂线，重复步骤❶~❺继续钩织。

1针放2针长针

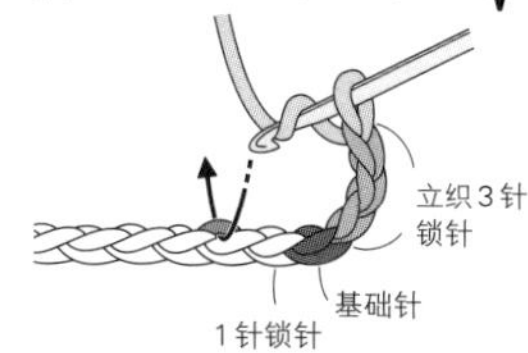

❶在针头上挂线，在前一行（此处为起针行）针目里挑针，钩长针。

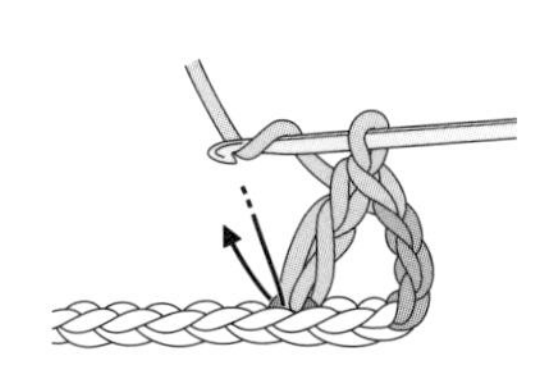

❷1针长针完成后，再次在针头上挂线，在同一个针目里插入钩针，将线拉出至2针锁针的高度。

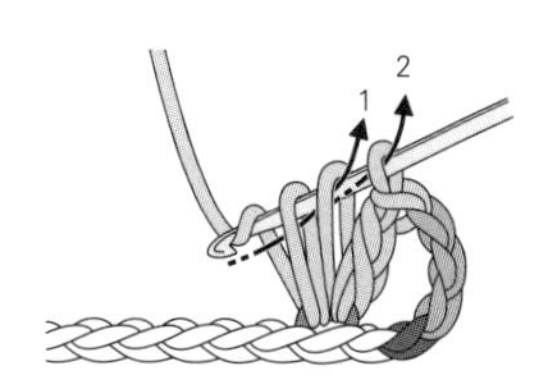

❸钩长针（在针头挂线做2次引拔，每次穿过2个线圈）。

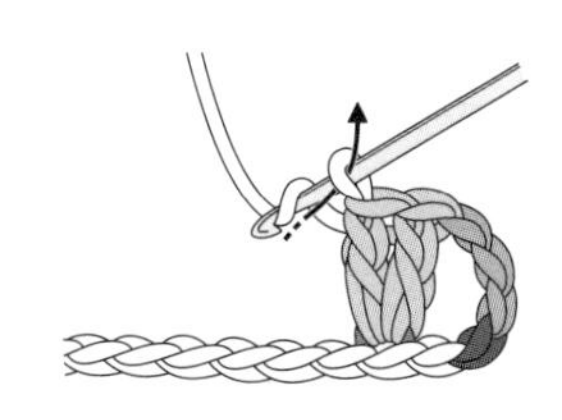

❹在同一个针目里钩入了2针长针。（加了1针）接着钩1针锁针。

变形的3针中长针的枣形针（整段挑起）

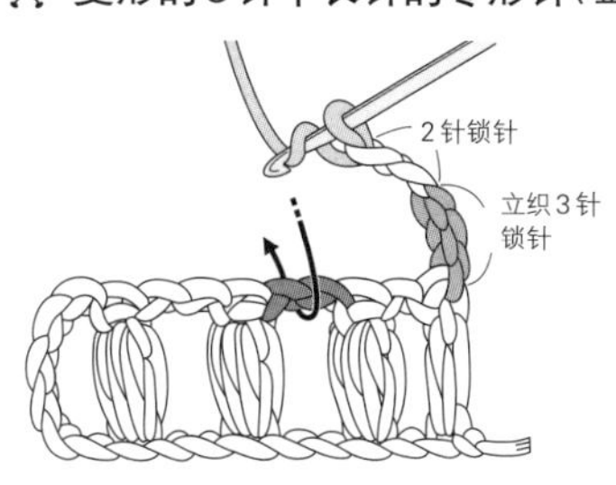

❶在针头上挂线，在前一行锁针下方的空隙里插入钩针（整段挑起）。

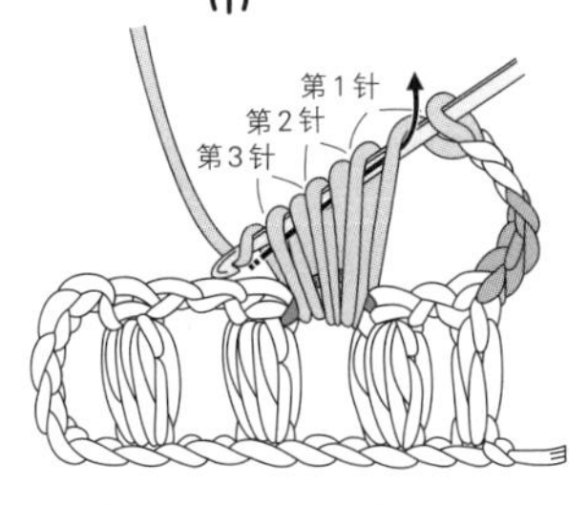

❷钩3针未完成的中长针，在针头挂线，引拔穿过钩针上的6个线圈（留下最右边的1个线圈）。

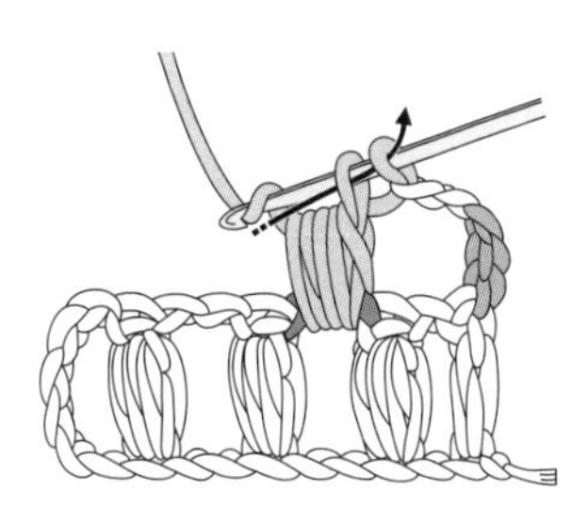

❸再次在针头挂线，引拔穿过剩下的2个线圈。

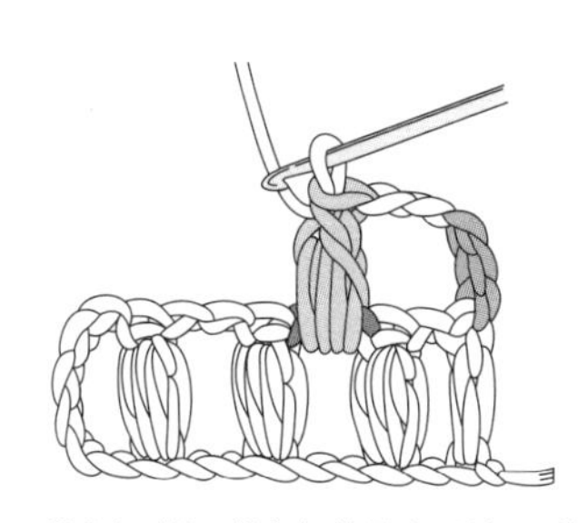

❹"变形的3针中长针的枣形针"（整段挑起）完成。

Photographers: YUKARI SHIRAI, YUKI MORIMURA
Original Japanese edition published in Japan by NIHON VOGUE CO., LTD.,
Simplified Chinese translation rights arranged with BEIJING BAOKU INTERNATIONAL CULTURAL DEVELOPMENT Co., Ltd.

备案号：豫著许可备字-2017-A-0002

图书在版编目（CIP）数据

快乐编织 百变花样 / 日本宝库社编著；蒋幼幼译. —郑州：河南科学技术出版社，2020.1
ISBN 978-7-5349-9781-5

Ⅰ. ①快… Ⅱ. ①日… ②蒋… Ⅲ. ①绒线－手工编织－图集 Ⅳ. ①TS935.52-64

中国版本图书馆CIP数据核字（2019）第278070号

出版发行：河南科学技术出版社
地址：郑州市郑东新区祥盛街27号 邮编：450016
电话：（0371）65737028 65788613
网址：www.hnstp.cn
策划编辑：刘 欣
责任编辑：刘 瑞
责任校对：马晓灿
封面设计：张 伟
责任印制：张艳芳
印 刷：北京盛通印刷股份有限公司
经 销：全国新华书店
开 本：889 mm × 1 194 mm 1/16 印张：5 字数：120千字
版 次：2020年1月第1版 2020年1月第1次印刷
定 价：39.00元